神奇的稳定同位素

中国化工学会
上海化工研究院有限公司　　组织编写

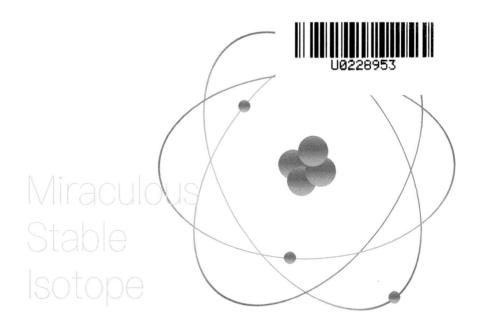

Miraculous
Stable
Isotope

化学工业出版社

·北京·

内容简介

《神奇的稳定同位素》由中国化工学会组织编写，上海化工研究院、国家同位素工程技术研究中心上海分中心、上海稳定性同位素工程技术研究中心多位专家执笔，从科普的角度介绍了稳定同位素基本知识，带领读者走进稳定同位素这个神奇的领域，并使人们了解到什么是稳定同位素以及稳定同位素的广泛应用。通过阅读此书，可以增长稳定同位素科学技术知识，了解稳定同位素科学技术应用。本书适合广大青少年及喜爱核科学技术的人们阅读。

图书在版编目（CIP）数据

神奇的稳定同位素 / 中国化工学会，上海化工研究院
有限公司组织编写 . —北京：化学工业出版社，2021.4 (2023. 8 重印)
ISBN 978-7-122-38832-2

Ⅰ.①神⋯ Ⅱ.①中⋯②上⋯ Ⅲ.①稳定同位素-研究 Ⅳ.①O562.6

中国版本图书馆CIP数据核字（2021）第 055655 号

责任编辑：赵卫娟　仇志刚　　　　　　　文字编辑：段曰超　师明远
责任校对：赵懿桐　　　　　　　　　　　装帧设计：史利平

出版发行：化学工业出版社（北京市东城区青年湖南街13号　邮政编码100011）
印　　装：北京虎彩文化传播有限公司
710mm×1000mm　1/16　印张11½　字数176千字　2023年8月北京第1版第5次印刷

购书咨询：010-64518888　　　　　　　　售后服务：010-64518899
网　　址：http://www.cip.com.cn
凡购买本书，如有缺损质量问题，本社销售中心负责调换。

定　　价：98.00元　　　　　　　　　　　　　　　　版权所有　违者必究

编 委 会

序言

　　说起"同位素"，很多人不免心头掠过一丝"恐惧"，这其实是对它的误会。同位素是指质子数相同而中子数不同的元素，在元素周期表中处在同一个格子中，可以说它们是"孪生兄弟"。

　　同位素可分为放射性同位素和稳定性同位素，稳定性同位素的"稳定性"表现在它在和地球寿命（大约10^9年）一样长的时间尺度里没有任何衰变的记录，所以安全、稳定、无辐照伤害而不需要特别防护。

　　自英国物理学家W.汤姆逊首次发现稳定性同位素氖-20和氖-22至今，已逾百年，超乎他想象的是，经过一代又一代科学家的努力，稳定性同位素在土壤、农业、医学、生物、生态、环境等领域得到了非常广泛的应用，读者在阅读本书时将了解更多、更具体的应用场景，而不由自主地惊叹稳定性同位素的"神奇"。

　　自然界的玄奥在于，越是珍贵的东西越是不可多得。本书介绍的氢-2、碳-13、氮-15、氧-18等稳定同位素在自然界的天然丰度往往都很低，仅仅中子数不同的微小差异决定了获得稳定同位素的技术难度超出人们的想象。科学家们成功应用化学交换法、水精馏法、低温精馏法、热扩散法等技术路线分离富集了各种稳定同位素，合成了成千上万种标记化合物供人们使用，也制定了科学、准确的检测方法和标准体系，极大方便了人们的科研、生产、生活，续写了汤姆逊没想到的"神话"。

　　中国化工学会副理事长、秘书长华炜女士到上海化工研究院调研，了解到稳定同位素有着这么多的应用，提议应该出版一本科普书，让读者了解稳定同位素。上海化工研究院、国家同位素工程技术研究中心上海分中心、上海稳定性同位素工程技术研究中心的科技专家们认识到这是大家应该担负的使命，迅速组织专家团队着手编写。要把非常专业的稳定同位素写成通俗易懂的科普文章难度是不低的，无疑是一次创新。

在中国化工学会的指导下，我们编写组转换视角、分工协作、多次研讨、精心编写，终于有了今天展现在大家眼前的这本《神奇的稳定同位素》，以飨读者。

　　哥德尔说，真理是不能被穷尽的。稳定同位素的技术和应用还在不断发展，决定了这本书是初级版。当然，再加上读者们的意见和建议，我们将矢志不移，努力使之臻至完善。

李良君

2021年3月于上海

前言

核科学技术在20世纪得到了迅速发展和应用，进入21世纪之后受到越来越多国家的重视。因为核科学技术的发展，不论是民用还是军用，都关系到国家战略的根本利益。稳定同位素作为核科学重要的分支在科研生产、社会生活等诸多领域发挥着越来越重要的作用。

上海化工研究院长期从事稳定同位素的研发、生产与检测，是国家同位素工程技术研究中心上海分中心、上海稳定性同位素工程技术研究中心的挂靠单位。在中国化工学会的组织安排下，中心十几位专家开始编写这本书。从查阅资料、整理文献，到撰写文字、设计插图，反复推敲、几易其稿，特别是在新型冠状病毒肺炎疫情期间坚持写稿，并通过网络视频进行讨论修改。一分耕耘，一分收获，在化学工业出版社的指导下我们终于完成了本书的编写。

本书从科普的角度介绍了稳定同位素基本知识，带领读者走进稳定同位素这个神奇的领域，使人们了解稳定同位素的生产、制备、检测以及广泛的应用。全书共分为六章。第一章"大自然中的稳定同位素"介绍了什么是稳定同位素，稳定同位素与放射性同位素的差异，以及稳定同位素的发现、获取和检测方法。第二章到第六章主要介绍稳定同位素在各个领域中的应用。第二章"生命健康的守护神"介绍了稳定同位素在医学诊断与治疗肿瘤方面的应用。第三章"食品安全的守护者"介绍了稳定同位素在食品安全检测中发挥的重要作用，能够从更高标准上保障食品的安全。第四章"生态环境的护航舰"介绍了稳定同位素在生态环境领域中的应用，特别精选了数个生态学、环境和地质科学中解决问题的实例。第五章"核能利用的关键材料"介绍了稳定同位素在核工业中的特殊功能以及广泛应用。第六章"探索未知世界"主要介绍了稳定同位素在科技前沿以及宇宙探测等方面的应用案例。

本书是一本科普读物，可供普通公众阅读，也可作为科普工作者的宣传资料。通过宣传稳定同位素科学技术知识，倡导科学方法，传播科学思想，弘扬科学精神。

本书力求做到深入浅出，图文并茂，多举实例，通俗易懂，让广大读者通过阅读能够对稳定同位素及其应用有一个正确的、科学的认识；消除人们对稳定同位素的恐惧感，揭开核科学的神秘面纱。

由于我们水平有限，加上时间紧凑，书中难免存在不足之处和纰漏，请广大读者提出宝贵意见。在此也感谢关心和支持本书出版的各级领导，感谢为本书做出贡献的各位同仁。

徐大刚

2021 年 3 月

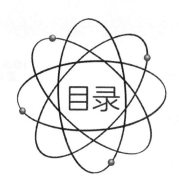

目录

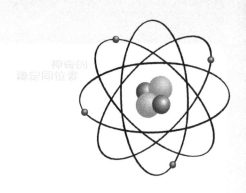
神奇的
稳定同位素

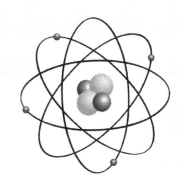

Chapter3

第三章
食品安全的守护者

055

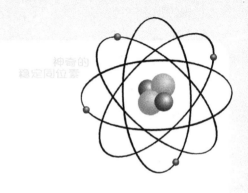

神奇的
稳定同位素

Chapter4

第四章
生态环境的护航舰

081

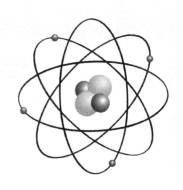

Chapter5

第五章
核能利用的关键材料

111

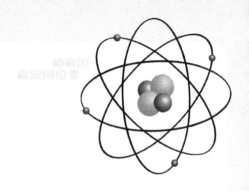

神奇的
稳定同位素

Chapter6

第六章
探索未知世界

133

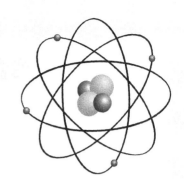

第一章

大自然中的稳定同位素

　　一提到"同位素"，很多人自然就会联想到"放射性"，不免有点担心：它会危害我们的身体健康吗？迄今为止，人类已经发现的 118 种元素有 3000 多种同位素，其中不具有放射性的稳定同位素有 274 种，这些稳定同位素大多数存在于自然界，与宇宙共生，与生命和谐共存。几乎所有的化合物、水、大气中都有稳定同位素存在，因而稳定同位素也就自然地存在于动植物和人体中，并在相关的科学研究中，发挥着独特的作用。

第一节　原子家族的孪生兄弟

认识稳定同位素首先要了解它所存在的微观世界以及组成微观世界的元素及其特征。

1. 了解微观世界

通俗地说，宏观是肉眼看得到的，微观是肉眼看不到的。在自然科学中，微观世界通常是指分子、原子等粒子层面的物质世界，而除微观世界以外的物质世界被称为宏观世界。

分子是构成物质的一种微粒，也是保持物质化学性质的基本微粒。

分子是由原子构成的，不同的原子构成的分子称为化合物，如水是由氢原子和氧原子组成的。单一原子构成的分子称为单质，如金刚石由碳原子组成，每个碳原子与相邻的四个碳原子形成正四面体的晶体结构。

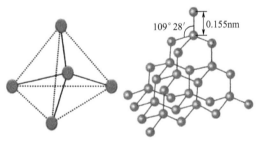

水分子结构示意图　　　　　　金刚石分子结构图

原子的构成： 图中红蓝颜色的核是原子核，红色的是质子，蓝色的是中子，核外围绕轨道旋转的黑色粒子是电子。原子是化学反应不可再分的最小微粒，一般原子的直径只有10^{-10}米级别，也就是零点几纳米大小，肉眼是根本看不见的，这就是我们要了解的微观世界。

学过化学的人都知道：元素是具有相同核电荷数的一类原子的总称，原子核内的质子数

原子的构成

决定元素的种类（质子数相同的原子，属于同一种元素）。元素是宏观概念，用于从宏观角度说明物质的组成。元素只有种类不同，没有数量多少的含义（不讲个数）。原子是微观粒子，用于说明物质的微观结构，原子有数量多少的含义（既讲种类，也讲个数）。

2. 认识元素周期表

在化学教科书中，一般都附有一张"元素周期表"。

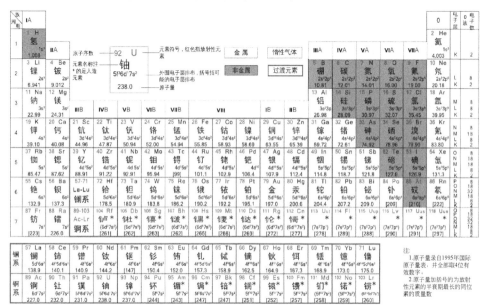

元素周期表把一些看起来互不相关的元素统一起来，组成了一个完整的自然体系。这一发明促进了近代化学的发展，是化学史上的一个伟大创举。

元素周期表的发现者就是俄国化学家德米特里·伊万诺维奇·门捷列夫。

门捷列夫在研究元素的原子量、化学性质、化合价的过程中惊奇地发现元素的性质随着原子量的递增而呈周期性的变化，即元素周期律。根据元素周期律，1869 年门捷列夫将当时已知的 63 种元素依据原子量❶大小，以表的形式排列编制出第一张元素周期表，初步完成了元素系统化的任务。元素在周期表中的位置不仅反映了元素的原子结构，也显示了元素性质的递变规律和元素之间的内在联系，使其构成了一个完整的体系，被称为化学发展的重要里程碑之一。

---

❶ 原子量是指以一个碳 -12 原子量的 1/12 作为标准，任何一个原子的真实质量与一个碳 -12 原子量的 1/12 的比值，称为该原子的原子量。

之后经众多科学家的不断完善，元素周期表不断扩充，目前元素周期表已经含有 118 种元素。

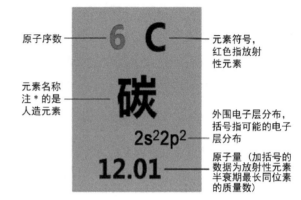

原子序数 —————— 6 C ——————元素符号，
红色指放射性元素

元素名称
注 * 的是
人造元素 —————— 碳

外围电子层分布，
括号指可能的电子层分布
2s²2p² ——————

原子量（加括号的数据为放射性元素半衰期最长同位素的质量数）
12.01 ——————

德米特里·伊万诺维奇·门捷列夫
（1834—1907）

在元素周期表中，原子序数 ❶ 相同、原子量不同、化学性质基本相同的一类原子居于同一位置。同一位置的符号和数字等信息表达了该元素的名称、原子序数、原子量、原子核外围电子层及排布。

元素周期表中元素符号为黑色时表示该元素是稳定的，没有放射性；元素符号为红色时表示该元素具有放射性。

每一个原子都有质量，例如：一个氢 -1（^{1}H）原子的实际质量为 1.674×10^{-27} 千克，一个氧 -16（^{16}O）原子的质量为 2.657×10^{-26} 千克，一个碳 -12（^{12}C）原子的质量为 1.993×10^{-26} 千克。由于原子质量的数值实在太小，无论是书写、记忆或者计算都非常麻烦。1803 年，英国科学家道尔顿（John Dalton，1766—1844）提出以氢原子的原子量为 1，来确定其他原子的原子量。1860 年，比利时分析化学家斯塔（J.S.Jean-Servais Stas，1813—1891）建议用氧原子量的 1/16 为基准，来确定其他原子的原子量，这种方法沿用了很长时间。直到 1961 年，在蒙特利尔召开的国际纯粹与应用化学联合会上，正式通过以碳 -12 原子的 1/12 为原子量新基准。1979 年，由国际原子量委员会提出原子量的定义。

元素周期表中每个单元格的最下面的数字即为原子量，所展示的原子量是该元素的各种同位素原子量的加权平均值。例如，碳元素的原子量为 12.011，它的由

---

❶ 原子序数指元素在周期表中的序号，符号为Z，在数值上等于原子核的核电荷数（即质子数）或中性原子的核外电子数。例如碳的原子序数是 6，它的核电荷数（质子数）或核外电子数也是 6。

来就是根据碳元素的两种稳定同位素——碳 -12（^{12}C）和碳 -13（^{13}C）的原子量与自然界天然存在的同位素丰度 ❶ 加权平均计算而来。自然界 ^{12}C占 98.892%，^{13}C 占 1.108%，因此碳的原子量为$12 \times 98.892\% + 13 \times 1.108\% = 12.011$。

提到原子量，我们应该知道中国在此领域的贡献。张青莲是我国著名的无机化学家、教育家，中国科学院院士。他从 1934 年起长期从事重水和稳定同位素的科学研究，涉及氢、氧、碳、锂、铜、锑、铕等十几种元素的核素，是我国稳定同位素科

张青莲（1908—2006）

学的奠基人和开拓者。20 世纪 90 年代以来系统地进行了原子量的精确测定工作，他主持测定的锑等 9 种元素的原子量已被国际纯粹与应用化学联合会确定为新的国际标准数据。

3. 同位素的发现

1910 年，英国化学家索迪（Frederick Soddy，1877—1956）提出了一个假说，化学元素存在着原子量和放射性不同而其他物理化学性质相同的变种，这些变种应处于元素周期表的同一位置上，称作同位素。不久，科学家就从不同放射性元素（铀和钍等）得到一种铅的原子量是 206，另一种铅的原子量则是 208。

1912年，英国物理学家汤姆逊（Joseph John Thomson）和阿斯顿（Francis William Aston）用磁分析器发现天然氖元素是由质量数为 20 和 22 的两种同位素所组成，这是科学家第一次发现了天然存在的稳定同位素。可以说稳定同位素的发展与质谱仪等分析仪器的发展是密切相关的。1919 年，阿斯顿制成第一台质谱仪，通过质谱仪的观察，确认了氖有 3 种同位素：氖 -20（^{20}Ne）、氖 -21（^{21}Ne）、氖 -22（^{22}Ne）。阿斯顿还发现了大多数化学元素都有不同的同位素，并在 1921年初证明元素的原子量是按同位素在自然界中存在的质量分数求得的平均值，如氖同位素经质谱仪精确测定得到它们在自然界存在的质量分数，计算得到氖元素的原子量为 22.179。

---

❶ 同位素丰度为一种元素的同位素混合物中，某特定同位素的原子数占该元素总原子数的百分比，以原子分数（%）表示。

汤姆逊
（Joseph John Thomson）
（1856—1940）

阿斯顿
（Francis William Aston）
（1877—1945）

亨利·莫塞莱
（Henry Gwyn Jeffreys Moseley）
（1887—1915）

1913 年，英国物理学家亨利·莫塞莱（Henry Gwyn Jeffreys Moseley）系统研究了由各种元素制成的阴极所得 X 射线的波长，指出决定元素特征的是这个元素的原子的核电荷数，而不是原子量。如果把核电荷数相同的元素看作是几种不同的、单独的元素显然是不合理的，原子序数的概念应运而生。而原子序数正是划分元素、确认互为同位素的分水岭。

1923 年，国际原子量委员会做出决定：化学元素是根据原子核电荷的多少对原子进行分类的，把核电荷数相同的一类原子称为一种元素，而具有相同原子序数但质量数不同的元素称为同位素。它们在元素周期表中同处一个位置，具有相同的质子数和核外电子数，以及不同的中子数，就像原子的"孪生兄弟"，虽然略有差异，长相和特征极为相似。

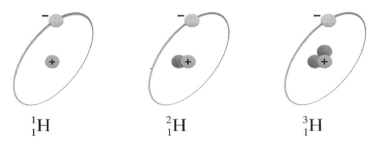

$_1^1H$ $_1^2H$ $_1^3H$

后来，科学家利用质谱仪陆续发现了更多的稳定同位素，还利用光谱等方法发现了氧、碳等元素的稳定同位素。迄今为止，已知有 81 种元素有稳定同位素。原子序数在 84 以上的元素的同位素都具有放射性。已应用的稳定同位素有 34 种，已实现规模生产的稳定同位素有氢 -2（^{2}H）、锂 -6（^{6}Li）、硼 -10（^{10}B）、碳 -13（^{13}C）、氮 -15（^{15}N）、氧 -18（^{18}O）等。常用的稳定同位素及其在自然界的天然丰度如下：

元素	同位素	同位素丰度（原子分数）/%	元素	同位素	同位素丰度（原子分数）/%
氢	^{1}H	99.985	氧	^{16}O	99.759
	^{2}H	0.015		^{17}O	0.040
锂	^{6}Li	7.420		^{18}O	0.204
	^{7}Li	92.580	氖	^{20}Ne	90.920
硼	^{10}B	19.780		^{21}Ne	0.257
	^{11}B	80.220		^{22}Ne	8.820
碳	^{12}C	98.892	硫	^{32}S	95.020
	^{13}C	1.108		^{33}S	0.750
氮	^{14}N	99.634		^{34}S	4.210
	^{15}N	0.366		^{36}S	0.014

第二节　同位素的"变"与"不变"

1. 放射性同位素——超级变变变

1934 年，居里夫妇用 α 粒子轰击铝箔，得到了人工放射性同位素 ^{30}P，并发现放射性同位素是非常不稳定的，它会不断"变化"，不间断、自发地放射出射线，直至变成另一种稳定同位素。放射性同位素在进行衰变的时候，可放射出 α 射线、β 射线、γ 射线和发生电子俘获等。对此，我们通常用"半衰期"来表示衰变的快慢。半衰期指的是一定数量放射性同位素原子数目减少到其初始值一半时所需要的时间。例如氚（^{3}H 或 T）的半衰期是 12.43 年，也就是说，假定原来有 100 个氚原子，经过 12.43 年后，就只剩下 50 个了。

放射性同位素的应用主要分为以下三类：示踪性；电离辐射性；半衰期。

（1）示踪性的应用

同种元素的稳定同位素和放射性同位素具有相同的化学性质，如果我们在一种元素内掺进它的放射性同位素，那么无论该元素将抵达何方，它的放射性同位素也必将经历相同的过程。利用仪器探测放射性同位素释放的射线，就可以知道元素去过哪里和经历了什么。

① 农业。可以利用示踪原子研究作物对化肥和农药的吸收部位、吸收效率及分布等情况。例如，碳 –14（^{14}C）的标记化合物可用于研究农作物的光合作用、农药在土壤和农作物中的残留情况。

② 工业。可以利用示踪原子来检测机件的磨损情况。例如，将放射性同位素注入输油和输气管中，利用探测仪可以快速准确地了解挖掘管道破裂和泄漏的位置，从而避免大规模的无用挖掘。

③ 医学。可以用来提供生物体内生化过程的动态信息，可将放射性同位素药物注入人体，再经电脑分析数据，病患体内的情况就能转化为影像显现出来。例如，锝 –99（^{99}Tc）可以用来做脑部扫描，帮助医生诊断脑部疾病。

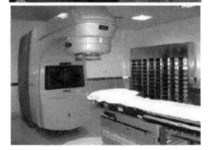

（2）电离辐射性的应用

① 穿透本领。利用放射性同位素射线穿透能力强的特点，可以检查金属内部有没有缺陷或裂纹。例如，射线探伤。

② 能量衰变。把衰变时释放的能量转换成电能，作为航天器、人造心脏能源。例如，"嫦娥三号"及"好奇号"均搭载了放射性同位素电池。

"嫦娥三号"　　　　　　　　　　"好奇号"

③ 放射性治疗。利用放射性同位素的杀伤力，杀死肿瘤细胞，治疗恶性肿瘤。例如：钴 -60（^{60}Co）作 γ 射线源，在体外对肿瘤部位集中照射，进行精准治疗。

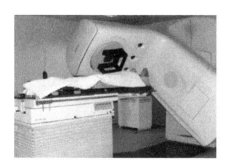

④ 辐射育种。可以诱发种子内的遗传物质发生变异，培育出新的优良品种。

⑤ 辐射保存食品。一定剂量的射线照射，能杀死微生物与害虫，消除食物霉变腐烂的"元凶"。

（3）半衰期的应用

在地质和考古工作中，利用放射性同位素的半衰期来推断地层或古代文物的年代。利用碳－14测定年代，可推算出植物、骨骼、毛发等古生物样品的年代，还可广泛用于地质学、海洋学和气象学等领域中的年代研究，例如测定兵马俑制造的具体年代。

2. 稳定同位素——亘古不变

（1）稳定同位素为什么稳定？

让我们从原子的结构来解释这个问题。从物理学角度看，元素的放射性取决于原子核的稳定性。原子核中存在两种力，即核力和电磁力。强相互作用的核力表现为核子与核子之间的吸引力，通常强相互作用的力量很大，但是范围很小。电磁力表现为质子与质子之间的库仑力，并且同性电荷总是相互排斥的，通常电磁力作用范围很大，但是相互作用力很小。当这两种作用力势均力敌的时候，原子核就能够稳定存在。

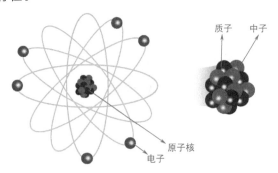

（2）稳定同位素特点

早在 1912 年，科学家就发现了稳定同位素，它比放射性同位素更早地应用在科学研究中。但得到高纯度的稳定同位素很困难，测试仪器价格昂贵，检测技术尚待开发，限制了稳定同位素的推广与应用。20 世纪 40 年代起放射性同位素的作用开始凸显，并优先应用于核武器、核电站等。与同期放射性同位素的欣欣向荣相比，稳定同位素则不温不火。

20 世纪 60 年代，稳定同位素生产方法有了重大的改进，产量不断增加，价格大幅度下降。同时，分析仪器和稳定同位素的检测技术日益发展，推动了稳定同位素在各领域中的应用。

顾名思义，稳定同位素的特点在于稳定，没有放射性。元素的稳定同位素具有相似的物理化学性质和不同的核内性质。与放射性同位素相比，稳定同位素具有的特点：

同位素	稳定同位素	放射性同位素
特点	优良的灵敏度	优良的灵敏度
	测量精度高	测量方便
	无辐射，危害小	有辐射，对人体有危害
	性质稳定，信号值稳定	信号值会随时间而衰减
	一次可检测多种同位素	一次只能测定一种同位素
	可回收	不可重复使用

（3）稳定同位素的主要应用领域

稳定同位素在自然界，包括所有的化合物、大气和水资源中无处不在，因此也就必然存在于动植物体内。利用其物理化学性质与普通元素几乎相同，制备出的各种稳定同位素标记试剂应用于农业、水文地质、地球化学、生态环境、生物医学、分析检测等诸多科学领域。近年来，在新兴的基因工程、蛋白质组学、代谢组学和代谢工程等前沿领域，稳定同位素示踪

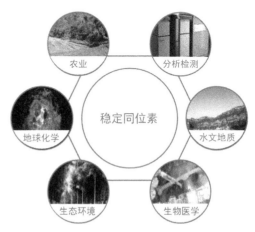

已成为一种应用广泛、独特高效甚至必不可少的技术。

农业领域： 稳定同位素最早应用在农业科研领域。氮是植物生长发育必不可少的营养元素之一，是构成植物蛋白的重要组成部分。它在多方面直接或间接影响着植物的代谢活动和生长发育，因此稳定同位素^{15}N在农业科学中的应用研究十分广泛，包括合理施用化肥、提高氮肥效率、改良品种、作物营养代谢、生物固氮、饲料配方、植物药材等。与传统方法所采用的比较无肥与施肥条件下植物对养分的吸收差值相比，同位素示踪法简单直接，试验条件均在施肥的状态下，更接近自然环境下植物生长的发育状态，从而可以真实反映植物对肥料的吸收和利用等情况。

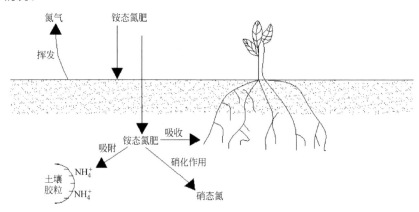

水文地质领域： 自然界水在蒸发和凝结的过程中，由于构成水分子的氢氧同位素的物理化学性质的细微差别，会引起不同水体中同位素丰度的变化，这种现象被称为同位素分馏作用❶。由于同位素分馏作用，处在不同水循环区域的水体，均由具有自己区域特征的同位素^2H和^{18}O组成。因此只要分析不同环境的水体中同位素的痕迹，就可以示踪其形成规律和运动轨迹。

环境中的^2H、^{18}O同位素可以用来有效地指示水循环，如水的源头、年龄、补给、渗漏、地下水停留的时间等，从而为认知水的形成、运动及成分变化机制提供重要的依据，为合理利用水资源奠定基础。相应地，它所能做出的贡献也不仅仅是限于地表水领域，还包括地下以及地热水等普遍的水循环和水资源。

地球化学领域： 地球母亲的大气圈、水圈和岩石圈具有一种微妙的平衡，每个层圈内部不同物质或者同种物质之间的同位素的组成有着指纹般的特征差

---

❶ 同位素分馏作用：系统中某元素的各种同位素原子或分子以不同比值分配到各种物质或物相中的作用。

异。自然界中同位素的变化是复杂的，但也具备一定的规律性。基于这一点，我们可以利用该规律来追溯各圈层之间物质的起源和相互作用。例如，用氧、碳同位素示踪古代气候和古代环境的变迁，用碳、氢、氧、硫同位素组成的变化进行地层的对比。

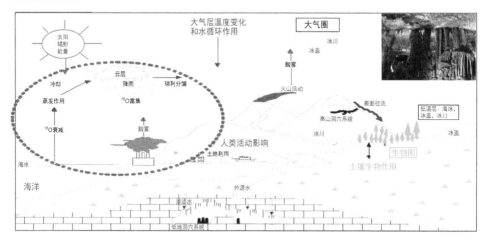

此外，近年来稳定同位素测温技术已然成为现代地球化学中迅速发展的一个分支。科学家们已针对碳、氢、氧、硫等同位素比值，在平衡固液体系和多种共生矿对之间的分馏系数进行了试验测定，并用来制定出用于各种地质条件的同位素温度计。

生态环境领域： 20世纪90年代，稳定同位素碳-13（^{13}C）和氮-15（^{15}N）被科学家用来研究动物的食性、营养级位置及食物链结构。21世纪初，稳定同位素氢-2（^{2}H或D）在示踪动物食物信息、分析食物链结构以及研究动物迁徙生态学中起到举足轻重的作用。

近年来，动物生态学家们还将稳定同位素技术应用到动－植物相互关系研究中。一旦动物栖息地发生变化，动物体内的同位素组成会逐渐过渡到新环境区域的同位素组成特征。因此，动物体内的同位素分布特征能真实反映动物的食物来源、栖息环境和迁徙情况，不仅能真实反映动物的活动轨迹，而且可以根据动物

在捕食过程中的同位素分馏效应测出动物在食物关系网中的营养级和食物链中所处的位置。

生物医学领域： 稳定同位素产品目前已广泛应用于生物医学领域的临床研究、疾病的诊断与鉴别、病情分期、治疗效果评估和新药开发等领域。

正电子发射计算机断层显像（PET）作为当代最先进的核医学显像技术，可在活体上显示生物分子代谢、受体和神经介质活动，能更早期、灵敏、准确地诊断疾病，尤其是肿瘤、冠心病和一些脑部疾病。其示踪剂原料为 ^{18}O 同位素，经过一定的合成反应后制备成显像试剂注入人体进行断层扫描，采集数据及成像，进行诊断分析。

患者通过口服稳定同位素 ^{13}C 示踪剂后进行呼气试验，也可以诊断胃肠道运动机能是否异常、消化功能是否异常、肝功能的异常或者病变等。这种诊断方式快速简便，患者无痛苦和烦恼，准确度高。

能量代谢领域： 利用稳定同位素 ^{13}C、^{15}N、^{18}O 可以测定肝脏、肌肉以及脂肪组织的葡萄糖代谢和利用情况，从而提高诊断的特异性和可靠性，可以帮助医生制定个性化的治疗方案，提高疗效。肥胖和超重是糖尿病 II 型高发群体的特征，稳定同位素技术可以对这些群体进行定期检测，及早发现不同器官的代谢情况，从而起到早期预警的作用。

目前利用稳定同位素的代谢研究主要集中在运动医学、儿童营养以及减肥、宇航员饮食等方面。

分析检测领域： 近年来，稳定同位素检测技术在生态环境、食品安全、司法检验等领域的环境监测、农兽药残留检测、食品非法添加剂检测、兴奋剂检测及毒品检测等应用中飞速发展，发挥着不可替代的作用。

同位素稀释质谱法❶：在复杂基质中痕量检测物质方面是国际上唯一认可的权威检测方法，具有灵敏度高、基体效应小、稀释剂平衡后无须定量分离等优点，在核科学、环境科学、地质学、生命科学等领域中得到了广泛的运用。

---

❶ 同位素稀释质谱法：将已知质量和丰度的浓缩稳定同位素作为稀释剂加入样品，均匀混合，用质谱仪测定混合前后同位素丰度的变化，由此计算出样品中该元素含量的方法。

国际上利用稳定同位素检测技术对植物源产品，如葡萄酒、饮料的地域溯源进行研究；对动物源产品，如乳品、肉的溯源研究也日益增加。体育竞赛中通过对尿液中的 ^{13}C 的检测来判别运动员是否服用了兴奋剂。利用稳定同位素检测技术还可以快速识别毒品、炸药、伪钞的产地和来源。

第三节　稳定同位素的获取离不开化学工程

1. 稳定同位素的获取途径

稳定同位素的获取离不开同位素的分离，即某元素的一种或多种同位素与该元素的其他同位素分离的过程。同位素的分离方法是多学科综合应用的结果，严格把同位素分离方法按学科来分类是一件困难的事情。但大致可以分为以下几类。

（1）利用同位素热力学性质上（相平衡和化学平衡）的差异

精馏法： 同位素的沸点有着轻微差异，精馏过程正是利用这个微小差别来分离同位素的。氖（Ne）同位素的首次分离和氘（^2H）同位素的发现都是采用精馏法。目前世界上许多重水工厂都采用水精馏法。其他元素，如硼、碳、氮、氧的同位素也通过此法进行分离。实践证明，精馏是分离原子量小于20的稳定同位素的主要方法之一。

1960 年以色列的威兹曼科学研究院建成了当时世界上最大的水精馏法生产氧 -17（^{17}O）和氧 -18（^{18}O）工厂。生产能力为每年 6 千克（98%~99%，原子分数）的氧 -18 以及每年 1.5 千克（25%，原子分数）的氧 -17。

近年来，随着氧 -18 的需求增加，主要的氧 -18 同位素生产企业都达到了年产百公斤级的规模。国内最具有代表性的生产商是上海化工研究院。上海化工研究院从 2002 年正式启动项目研发，于 2004 年研制出第一批高丰度 [≥ 97%（原子分数）^{18}O] 氧 -18 试剂，并于 2006 年正式产业化，2013 年年产量达到 100 千克，预计到 2025 年，年产量将达到 300 千克。

上海化工研究院氧-18生产装置　　　　上海化工研究院氧-18生产基地

化学交换法： 当同一元素的两种化合物在一定条件下接触时，该元素的不同同位素在接触前的反应物和接触后的生成物中的分配可以发生变化，这就是化学交换的同位素分离效应。

苏联 NO-HNO$_3$ 化学交换法生产 ^{15}N 装置建立在格鲁吉亚的梯比利斯同位素工厂，该工厂是一座 63m 高的 15 层塔楼。NO-HNO$_3$ 化学交换装置是两级联精馏塔，直径分别为 126mm 和 26mm，年生产 4.5 千克 [99%（原子分数）] 的 ^{15}N。

民主德国于 1975 年 4 月由国家科学院莱比锡同位素及辐射中心研究所与化学联合企业合作建立了装置，单套装置生产能力达到 10 千克 [99%（原子分数）] 的 ^{15}N。

在中国，上海化工研究院从 20 世纪 60 年代开始研究 NO-HNO$_3$ 化学交换法分离氮-15 同位素，目前采用三塔级联技术，年生产能力已经达到 30 千克纯 ^{15}N，最高丰度可达 99.9%（原子分数）以上。

上海化工研究院氮-15生产基地　　　　上海化工研究院氖同位素生产装置

从本质上讲，化学交换也是一种同位素的传质交换过程，是同种化合物在气液两相中的同位素再分配；化学交换涉及不同分子之间的同位素交换，而且可以有各种不同的相态形式，如气 - 液、液 - 液、气 - 固、液 - 固。

（2）利用扩散性质上的差异

热扩散法： 在二元气体混合物体系中存在温度梯度时，轻组分向温度高的方向扩散，重组分向温度低的方向扩散。曾用热扩散法分离的有氢同位素（^{1}H、^{2}H、^{3}H）、氦同位素（^{3}He、^{4}He）、碳同位素（^{12}C、^{13}C）、氮同位素（^{14}N、^{15}N）、氧同位素（^{16}O、^{17}O、^{18}O）、氖同位素（^{20}Ne、^{21}Ne、^{22}Ne）、硫同位素（^{32}S、^{34}S）、氯同位素（^{35}Cl、^{37}Cl）、溴同位素（^{79}Br、^{81}Br）、氪同位素（^{84}Kr、^{85}Kr）、氙同位素（^{124}Xe、^{132}Xe）。

德国物理学家克劳修斯（Rudolf Julius Emanuel Clausius，1822—1888）首先用热扩散柱分离气体同位素，以总长为 29 米的热扩散柱成功获取了同位素丰度 99.99%（原子分数）的 ^{20}Ne 和 ^{22}Ne。美国芒特实验室在这方面做了大量的试验和理论研究工作，^{20}Ne 和 ^{22}Ne 丰度均达到 99.9%（原子分数）以上，每日产量分别为数升和数百毫升。上海化工研究院从 20 世纪 70 年代初开始研究，并于 2002 年利用研究结果建成产业化生产车间，^{20}Ne 和 ^{22}Ne 丰度均达到 99.9%（原子分数）以上。目前，氖同位素产品生产规模达到年产 1000 升。其中，激光混合气为（47.50±0.50）%（原子分数）的氖 -22、（52.50±0.50）%（原子分数）的氖 -20，气体纯度达到 99.9% 以上。

离心法： 借助重力场或者离心场来分离同位素。分离不同分子量的同位素气体时，分离效应取决于两种同位素分子量的差异。若在地面及万米高空对空气取样，样品中的气体同位素组成会有明显不同。

俄罗斯离心法分离氙（Xe）同位素生产技术始于 20 世纪 80 年代，90 年代初已经形成规模化生产，目前可将同位素丰度富集至 99%（原子分数）以上。在国内，2002～2004 年核工业理化研究院与清华大学合作，进行了氙同位素的试生产，成功将氙 -124（^{124}Xe）从 0.096%（原子分数）浓缩至 99%（原子分数），2011 年核工业理化研究院成功批量生产出丰度 99%（原子分数）以上的氙 -124 产品。

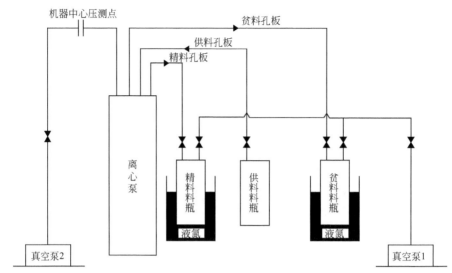

单机分离氙同位素装置示意图

（3）利用电磁场或电场中物质性质的差异

电磁法： 利用电磁场对带电粒子的作用实现同位素的分离。此法通用性好，可用于几乎全部同位素的分离。其他的分离方法，一个装置只能分离一种元素的同位素。电磁分离器只需要几天的清洗和调整时间即可方便地实现从分离一种同位素到分离另一种同位素的转换，具有高度的灵活性。还可以将一种元素的几种同位素分别浓缩并收集起来。缺点是设备复杂，耗电量大，产量低，成本高。

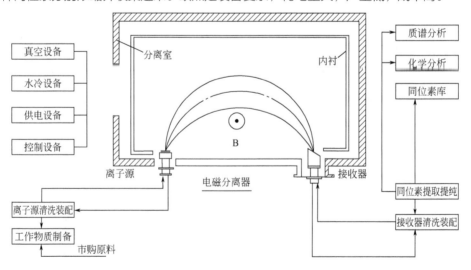

电磁分离器示意图

（4）利用空气动力学性质上的差异

喷嘴法： 喷嘴法是利用气体动力学原理分离同位素的方法。当气体同位素混合物高速通过装有喷嘴的弯曲轨道时，其轻组分在半径小的圆周上被浓缩，而重组分在半径大的圆周上被浓缩。其分离效应主要是离心作用造成的，这种离心作用是由气流被适当形状的静壁偏转所引起的。

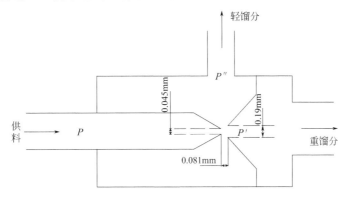

喷嘴法分离同位素示意图

激光法： 该方法利用了吸收光谱上的差异。分子激光、原子激光技术是利用同位素质量差所引起的激光能差别，根据不同同位素原子（或由其组成的分子）在吸收光谱上的微小差异，用线宽极窄即单色性极好的激光，选择性地将某一原子（或分子）激发到特定的激发态[1]，再用物理或化学方法与未激发的原子（或分子）分离。

可用于同位素分离的准分子激光器示意图

1960 年激光被发现，1966 年可调谐染料激光器问世，人们提出利用单色性、方向性极好且光强度极大的激光来进行同位素的分离。1970 年科学家们应用连续波氟化氢激光选择激发甲醇（H_3COH），使 D_3COH 与 H_3COH 之比从 50% 提升到 95%，实现了氘同位素的浓缩。1970 年以后，人们采用激光成功进行了铷（Rb）、铀（U）等同位素的分离，并且进入了工业应用时代。目前，激光法不仅

---

[1] 激发态：原子或分子吸收一定的能量后，电子被激发到较高能级但未电离的状态。

成功分离了铀-235（^{235}U）、钚-239（^{239}Pu）、氢-2（D）、氢-3（T）等重要同位素，还分离了碳（C）、氧（O）、氯（Cl）、钙（Ca）、钡（Ba）、硫（S）等许多元素的同位素。

2. 从原料到产品的进阶

通过精馏法、化学交换法、离心法等方法，我们可以获取 D_2O（重水）、$H_2^{18}O$（重氧水）、^{13}CO（^{13}C-一氧化碳）、$H^{15}NO_3$（^{15}N-硝酸）。当稳定同位素应用到医学诊断、农业、生命科学、环境等领域时，就需要用到稳定同位素原料的进阶产品——稳定同位素标记化合物。

（1）什么是稳定同位素标记化合物？

通俗地讲，稳定同位素标记化合物就是用稳定同位素原子替代化合物中的一个或多个原子的化合物。稳定同位素标记化合物的标记形式是多种多样的，不同稳定同位素原子标记的化合物的应用领域也不同。比如，我们平常认识的尿素通常用作氮肥，当用稳定同位素 ^{13}C 替代尿素中的碳原子后，就形成了稳定同位素 ^{13}C 标记尿素（^{13}C-尿素），它是我们去医院做呼气试验检测幽门螺旋杆菌的诊断试剂，也可以作为有机合成或生物合成制备 ^{13}C 标记化合物的原料；当用 ^{18}O 替代尿素中氧原子后形成的稳定同位素 ^{18}O 标记尿素（^{18}O-尿素），则可用于代谢组学研究或临床诊断；而用稳定同位素 ^{15}N 替代尿素中氮原子后形成的稳定同位素 ^{15}N 标记尿素（^{15}N-尿素），则主要作为示踪剂用于农业科学研究中。

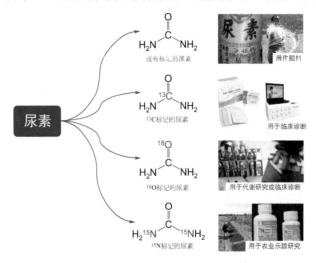

不同标记形式的尿素，可用于不同的应用领域

（2）稳定同位素标记化合物是如何实现进阶的？

对于不同标记位置、不同标记原子的稳定同位素标记化合物，是通过什么方法实现从原料到产品的进阶的？通常情况下，稳定同位素标记化合物的制备方法主要包括三种：化学合成法、生物合成法以及同位素交换法。

化学合成法： 化学合成法是制备稳定同位素标记化合物最常用的方法，是指采用常规的化学反应原理，用稳定同位素原料替换常规原料，通过化学合成的方法制备目标化合物。这种方法与常规的化学反应过程基本一致，分为无机化学合成和有机化学合成。

化学合成法制备稳定同位素标记化合物的常规反应装置

对于大多数的稳定同位素标记化合物，化学合成法是首选方法。目前常用稳定同位素 ^{13}C、^{15}N、^{2}H（D）及 ^{18}O 标记化合物，基本都可以通过选择合适的稳定同位素原料或标记中间体，采用化学合成的方法得以实现。与常规化学合成反应不同的是，稳定同位素标记化合物的合成常常受限于原料，常用的原料包括 ^{13}CO、$H^{15}NO_3$、D_2O 及 $H_2^{18}O$ 等。

生物合成法： 生物合成法是通过动物、植物、酶或微生物的生理代谢过程引入稳定同位素，主要用于合成生命科学领域所需的稳定同位素标记的氨基酸、多肽

生物合成法发酵用的摇床

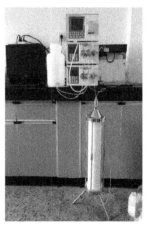

分离用的色谱柱

等。该方法的制备过程包括发酵和分离两个主要的步骤，通过选育合适的菌种，选择合适的培养基并辅以稳定同位素原料再通过发酵、离心、提取、分离、结晶等步骤获得产品。

我国自主开发的^{13}C或^{15}N标记
氨基酸系列产品

^{13}C 或 ^{15}N 标记的氨基酸系列产品是生命科学领域常用的一类试剂，它的主要合成方法就是生物合成法。我国已利用发酵法和酶法自主合成了一系列的 ^{13}C 或 ^{15}N 标记的氨基酸系列产品，实现了稳定同位素标记氨基酸试剂的国产化。

采用生物合成法还可以制备得到全氘代氨基酸产品。例如，不同藻类物质在重水中生长，得到物质经水解、分离后，可以得到全氘代或部分专一氘代的氨基酸。

同位素交换法： 同位素交换法是通过两种不同分子之间同一元素的同位素交换效应，直接引入稳定同位素原子，从而制得所需的稳定同位素标记化合物。这种方法大多数用于稳定同位素氘（D）标记试剂的制备，特别适用于全氘代化合物的制备，如核磁共振分析时所用到的氘代丙酮、氘代苯、氘代氯仿、氘代二甲亚砜等氘代核磁溶剂。

化学合成法、生物合成法、同位素交换法是实现稳定同位素从原料到产品进阶的主要方法。生命科学、农林科学、临床诊断、药学等领域中在应用稳定同位素标记化合物时，往往需要用到不同标记类型、不同标记位置或不同同位素丰度的标记化合物。由于受限于稳定同位素原料的单一性、产品的标记位置及标记类型，同时要兼顾稳定同位素的利用率，所以，选择哪种方法制备稳定同位素标记产品往往是工艺设计的关键所在。

第四节　稳定同位素检测技术——识别稳定同位素的眼睛

我们知道了稳定同位素的获取途径和从原料到产品的进阶，那稳定同位素是如何被识别出来的呢？稳定同位素检测技术就像"眼睛"，让我们能够识别到稳定同位素的存在。

稳定同位素因为无放射性、元素的化学性质基本相同而被用作示踪原子帮助人们认识未知世界的科学规律。科学家运用稳定同位素标记的化合物，追踪化合物内部的特定原子以揭示复杂的反应机理或进行生物代谢途径的探索。

20 世纪，特别是 70 年代以来，稳定同位素技术被广泛开发并应用于地质、医学、营养学、生命科学、食品安全、现代农业、生态环境等领域。促进这些领域发展离不开的是我们称之为"眼睛"的稳定同位素检测技术，与此相关的仪器设备实现了高精准度、高效率的定量测定，就像是拓展视角广度和深度的"望远镜"和"显微镜"，为我们推开了稳定同位素的神秘之门。

我们已经知道了 20 世纪初科学家在研制质谱仪的过程中，发现了元素具有天然存在的稳定同位素的事实。一个多世纪以来，稳定同位素的应用也是随着仪器的发展而在广度和深度方面不断拓展，在许多科研与生产领域发挥着越来越多、甚至是不可替代的重要作用，常用的仪器有以下几种。

1. 质谱仪

质谱仪是在电磁场的作用下使带电粒子束按其质荷比（m/z）❶ 的大小进行分离，并对其进行测量的大型分析仪器。

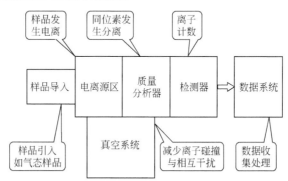

质谱仪流程框图

质谱分析法是利用同位素之间质量数的差异，通过不同原理的质量分析器来将同位素进行分离。而离子接收器所获得的信号强度则反映了不同同位素的"量"，

❶ 质荷比：带电离子的质量与所带电荷之比，通常以（m/z）表示。

我们称之为同位素丰度。

常用于稳定同位素检测的质谱仪器有以下几种。

同位素质谱仪： 同位素质谱仪采用磁质量分析器，其特点是分辨率高，测试速度快，结果精确，样品用量少（微克量级），对样品的前处理要求较高，进入同位素质谱仪检测的样品需要转化为气态，能精确测量稳定同位素^{13}C、^{15}N、$^2H（D）$、^{18}O及惰性气体的同位素丰度及同位素比值❶。在同位素示踪、地质勘测、农作物产地溯源、食品真伪辨识等研究中发挥了重要作用。

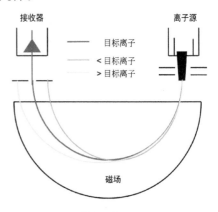

质谱示意图

有机质谱仪： 目前应用最广的有机质谱仪主要用于有机化合物的结构鉴定、同位素标记位点的确定、同位素丰度的测定，它能提供化合物的分子量、元素组成以及官能团等信息。通常按照质量分析器将其分为四极杆质谱仪、离子阱质谱仪、飞行时间质谱仪等。

有机质谱仪的发展很重要的方面是与各种具有分离作用的仪器联用，作为质谱仪的"进样器"，将有机混合物分离成纯组分进入质谱仪，充分发挥质谱仪的分析特长，为每个组分提供分子量和分子结构信息。在食品安全分析、农兽药残留、非法添加物的测定方面均是使用色谱与有机质谱联用的方法开展的，通过稳定同位素内标试剂的引入，使得质谱定量更加准确。

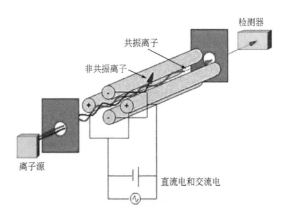

有机质谱仪原理图

无机质谱仪： 与有机质谱仪工作原理不同的是物质离子化的方式不一样，无机质谱仪是以电感耦合高频放电（ICP）或其他的方式使被测物质离子化。无机质谱仪主要用于无机元素微量分析和同位素分析等方面。比如硼的同位素^{10}B和

---

❶ 同位素比值：元素的重同位素原子丰度与轻同位素原子丰度之比，通常用 R 表示。

^{11}B的丰度就是用无机质谱仪来测定的。

2. 核磁共振谱仪

核磁共振谱的研究主要集中在与稳定同位素 ^{1}H 和 ^{13}C 相关的两类原子核的图谱。研究得最多的是 ^{1}H 的核磁共振（proton magnetic resonance, PMR），表示为 ^{1}H NMR。氢的核磁共振谱提供了三类极其有用的信息：化学位移（吸收位置）、偶合常数（峰的分裂）、积分曲线（吸收强度）。应用这些信息，可以推测质子在碳链上的位置。此外，利用化合物中的氢原子被 D 原子取代后在 ^{1}H NMR 谱图

核磁共振仪

上不出峰的特点，可以通过对应位置峰面积减小的量测定出氘标记化合物的氘代率，也就是该化合物的标记率，从而指导氘标记化合物后续作为内标试剂、核磁用试剂在不同领域的应用。^{13}C 核磁共振（carbon-13 nuclear magnetic resonance，CMR）表示为 ^{13}C NMR。^{13}C 的核磁共振近年也有较大的发展。NMR 用于稳定同位素示踪研究，在生命科学领域作用非凡。

3. 红外光谱仪

除单原子分子及单核分子外，几乎所有有机物均有红外吸收。分子能选择性吸收某些波长的红外线，从而引起分子中振动能级和转动能级的跃迁。检测红外线被吸收的情况可得到物质的红外吸收光谱。

目前，在临床医学诊断 ^{13}C 呼气试验（^{13}C-UBT）检测中应用最广泛的就是价廉物美的非色散型红外光谱仪。

（负责人：徐大刚；主要编写人员：杜晓宁　刘　严　蒋琮琪）

第二章

生命健康的守护神

　　医学诊断与治疗是诸多同位素应用中市场需求最大的领域之一，也是最受国内外广泛关注和研究的热点领域，其中肿瘤筛查与诊断堪称永恒的热点。由于早发现、早治疗是大幅提高肿瘤治愈率的最佳途径，为此，世界各国纷纷提出大力发展涵盖"精准诊断"和"精准治疗"为主的精准医疗技术。

　　现阶段，放射性同位素在精准医疗技术中占据着绝对的主导地位，然而，稳定同位素因无放射性的突出特点，在诸多种类肿瘤的"早发现、早治疗"中正发挥着越来越重要的作用。可以毫不夸张地说，在精准医疗技术中，放射性同位素与稳定同位素存在着"剪不断理还乱"的复杂关系，两者之间的互补性、竞争性、替代性在肿瘤筛查与诊断中体现得淋漓尽致。

第一节 幽门螺旋杆菌的"侦察兵"

幽门螺旋杆菌感染是消化性溃疡发病的主要原因，临床诊断 Hp 感染的技术主要包括以胃镜检查为代表的创伤性方法和以 ^{13}C- 尿素呼气试验为代表的无创检测两大类。

1. 现有诊断方法比较

目前，临床上常用的幽门螺旋杆菌检测方法细分下来有 4 种：快速尿素酶检测（RUT）、血清抗体检测（Hp-IgG）、^{14}C- 尿素呼气试验（^{14}C-UBT）以及 ^{13}C- 尿素呼气试验（^{13}C-UBT）。前两种属于创伤性方法，而后两种属于无创检测。

快速尿素酶检测费用较低，但需要在胃镜下进行胃窦黏膜组织提取，因此不适合普查；血清抗体检测是通过采集血样进行检验，得知受验者是否曾经感染过幽门螺旋杆菌，但无法对当下的细菌活动性进行判断，所以只适用于易感人群筛查和流行病学研究；^{14}C- 尿素呼气试验虽然方便、无创、快速、准确，但是 ^{14}C 是放射性同位素，存在一定的放射性污染。

相较于其他三种检测方法，^{13}C- 尿素呼气试验则具有突出的优点：不仅方便快捷，不会对被检人员带来创伤，而且无放射性污染，因此可以短期内多次检测。另外，口服同位素标记的尿素在胃内可均匀分布，只要尿素接触的部位存在幽门螺旋杆菌，就可被检测到，因此可克服幽门螺旋杆菌在胃内灶性分布的问题。该方法适用于所有人群，还可在治疗期内多次重复检查验证疗效，是目前临床检测幽门螺旋杆菌公认的"金标准"。

2. 能力超强的"侦察兵"——^{13}C- 尿素

（1）^{13}C- 尿素呼气试验的原理

幽门螺旋杆菌会产生相对特异的尿素酶，该酶可分解尿素产生 NH_3 和 CO_2，CO_2 在胃肠道吸收后进入血液循环，随人的呼气从肺部排出。受试者口服 ^{13}C 标记的尿素后，如果胃内存在幽门螺旋杆菌，就可将 ^{13}C- 尿素分解为 $^{13}CO_2$ 从肺呼出。患者服用尿素后半小时左右呼出的气体中同位素标记的 CO_2 可达到峰值，收集服药前后呼出的气体，检测呼气中的 $^{13}CO_2$，即可判断患者是否有幽门螺旋杆菌感染。

^{13}C-UBT 作为非侵入性的临床精准诊断方法，其结果准确度高达 97%，敏感性达到 95%，特异性为 95%～100%，具有准确、特异、操作简便、灵敏和安全

的特点，无愧于能力超强的"侦察兵"称号。

目前临床上，$^{13}C-$ 尿素呼气试验检测幽门螺旋杆菌的过程如下：服用呼气试剂、呼气收集、样本待测、测试出报告。

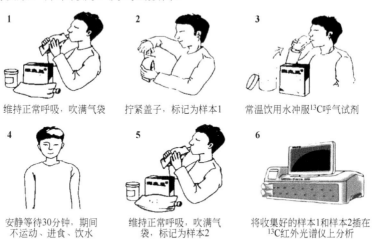

1　维持正常呼吸，吹满气袋

2　拧紧盖子，标记为样本1

3　常温饮用水冲服^{13}C呼气试剂

4　安静等待30分钟，期间不运动、进食、饮水

5　维持正常呼吸，吹满气袋，标记为样本2

6　将收集好的样本1和样本2插在^{13}C红外光谱仪上分析

胃幽门螺旋杆菌检测流程

通过上述呼气检测，可让幽门螺旋杆菌无处遁形，彻底暴露。需要再次强调的是，$^{13}C-$ 尿素呼气试验（$^{13}C-UBT$）中的 ^{13}C 为稳定同位素，无放射性污染，被认为是检测幽门螺旋杆菌感染的"金标准"，已作为核医学诊断中的一个重要工具，得到广泛应用。

早发现、早诊断、早治疗，轻松呼口气检测幽门螺旋杆菌！

（2）$^{13}C-$ 尿素如何制备？

"侦察兵"——$^{13}C-$ 尿素呼气试剂是利用 ^{13}CO、$^{13}CO_2$、$Ba^{13}CO_3$ 等基础原料，通过化学合成方法制备而成。

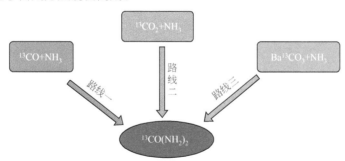

待制备出 ^{13}C- 尿素原料药后，进行药品制剂成型，形成 ^{13}C- 尿素呼气试剂。目前，临床上普遍使用的剂型主要有颗粒剂、散剂、片剂、胶囊共 4 种。

3. ^{13}C- 呼气检测临床研究新应用

稳定同位素 ^{13}C 作为精准而安全的示踪剂，可以标记在任何含碳元素的化合物上，广泛应用于呼气试验类精准医疗诊断技术。而 ^{13}C 呼气试验具有准确度高、特异性强、无痛苦、无损伤、安全灵敏的突出特点，在消化系统疾病早期诊断和筛查中拥有广阔的临床应用前景。

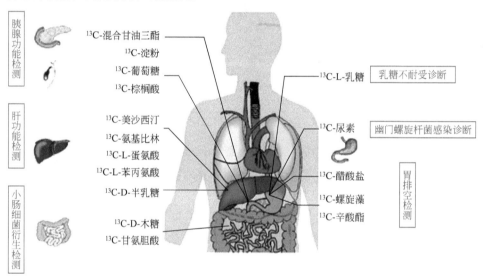

第二节 疾病早期诊断——明察秋毫

人体不同组织具有不同的代谢状态，而恶性肿瘤有一个共同特征就是代谢非常旺盛，堪称人体内的"强盗"。及早发现并治疗清除，是提高恶性肿瘤治愈率的首选。在现代医学影像学技术中，被誉为"现代医学高科技之冠"的正电子发射断层扫描（PET/CT）是当前最先进的肿瘤显像诊断技术，而这项技术的应用离不开基础原料——稳定同位素 ^{18}O 标记的重氧水（H$_2$^{18}O）。

1. 疾病诊断的火眼金睛——PET/CT

根据《英国癌症杂志》（British Journal of Cancer）上的一项研究报告所做的预测，英国每两人中将会有一人在人生的某个阶段患癌症。

这听起来恐怖吗？再看看中国：世界癌症报告显示，2012 年中国癌症发病人数为306.5 万，约占全球发病人数的五分之一；癌症死亡人数为220.5 万，约占全球癌症死亡人数的四分之一。而对付癌症，早发现、早治疗是大幅提高癌症治愈率甚至避免恶性肿瘤发生的最佳途径。

现代癌症诊断技术，最便

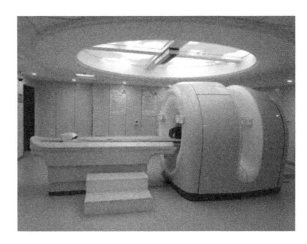

PET/CT分子显像设备

利的莫过于"火眼金睛"的 PET/CT。它被评为 20 世纪医学领域的十大发明之一，是目前世界上最先进的核医学分子影像设备。PET/CT 融合了 PET 和 CT 这两项技术，即利用 PET 功能代谢显像原理和 CT 精准扫描原理，将两者图像进行融合。通过优势互补，具有典型的"1+1>2"功效。一方面，可以显示病灶功能代谢的状态，以及全身各脏器功能代谢的病理、生理特征；另一方面，还能利用 CT 的精准定位，显示出病灶以及周围组织结构的变化，从而更有利于对肿瘤组织的发现和评估。因此，PET/CT 用于肿瘤显像诊断的突出优势在于可以发现早期肿瘤病灶及转移灶，对判断肿瘤良恶性以及对肿瘤术后监测、疗效评估有着重要的临床意义。

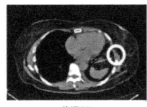
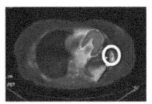

普通CT　　　　　　　　PET/CT

PET/CT画面更加清晰直观

（1）PET/CT 在肿瘤显像诊断方面的优势

目前，X 射线检查只能发现 1.5cm 以上的肿瘤，核磁（MRI）及 CT 检查也仅能发现 1cm 以上的肿瘤，此时癌症已达中期或末期，无法达到早期发现的目的。PET/CT 是目前世界上能够检测最小癌细胞的最先进诊断技术，可以检查出仅有 2mm 的肿瘤，一般此时的肿瘤处于早初期，治疗后痊愈的可能性很大。

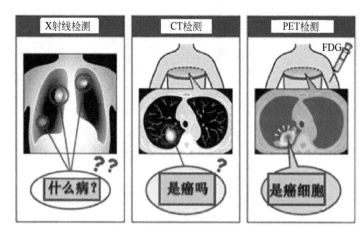

X射线检测、CT检测、PET检测对比

一般临床认为，早期肿瘤的及早发现、提早治疗可以提高癌症的治愈率。虽然癌细胞增殖到 1cm 大时非常缓慢，但从 1cm 继续增殖到癌症中后期则非常迅速，只需 1~2 年。因此早期阶段的恶性肿瘤能够被 PET/CT 及早检测出，可以为病患赢得珍贵而短暂的治愈窗口。

（2）PET/CT 如何显像肿瘤

人体不同组织的代谢状态不同，而绝大多数恶性肿瘤细胞具有代谢旺盛的特征，其分裂增殖速度比正常细胞快得多，能量需求也大。由于葡萄糖是人体细胞（包括肿瘤细胞）能量的主要来源之一，相比于正常组织细胞，在高代谢的恶性肿瘤组织中葡萄糖代谢旺盛，聚集较多；利用这一特性，在葡萄糖上标记带有放射活性的元素 ^{18}F 作为显像剂（^{18}F-FDG❶），注入静脉内，进行体内循环。由于 ^{18}F-FDG 仅仅是葡萄糖类似物，肿瘤细胞摄取后不能进一步代谢，属于"只进不

❶ ^{18}F-FDG：氟代脱氧葡萄糖，葡萄糖的类似物，是 PET/CT 临床最常用的显像剂。

出"，只能在肿瘤细胞内积聚。因此，PET/CT 通过显像检测 ^{18}F 分布情况就可以获得肿瘤的部位、形态、大小、数量及肿瘤的活性程度等关键信息。再者，肿瘤细胞的原发灶和转移灶具有相似的代谢特性，一次注射 ^{18}F-FDG 就能方便地进行全身显像，这对于了解肿瘤的全身累积范围具有独特价值。

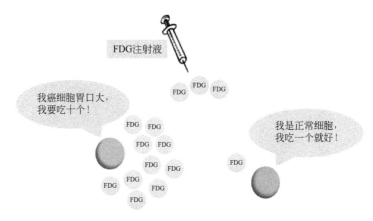

^{18}F-FDG用于肿瘤显像检测

（3）PET/CT 显像对人体危害大吗？

PET/CT 除了在肿瘤显像诊断方面具有独特优势外，在神经系统、心血管系统等非肿瘤诊断方面也有着广泛的临床应用。如：PET/CT 对癫痫病灶的准确定位，对抑郁症、帕金森病、阿尔茨海默病（旧称老年痴呆症）等疾病的研究均可提供强大支撑。

PET/CT 对人体有放射性危害吗

PET/CT 显像诊断的原理是正电子核素衰变时产生一对能量相同（511 keV）但方向相反的 γ 光子，具有较强的穿透力，能在体表探测到。大部分的正电子核素电离密度较低，在体内引起的电离辐射损伤很小。在众多的显像试剂中，^{18}F 核素是最常用的，其半衰期最为适中。虽然对于显像诊断而言，理论上越短越好，可以在最小的辐射剂量下产生清晰的图像，但半衰期过短会给试剂制备和显像检查过程带来很大的不便；而半衰期过长将会使受检者接受不必要的辐射剂量。最常用的 ^{18}F-FDG 半衰期是 109.8min，也是目前临床上比较理想的半衰期。总体而言，PET/CT 显像检查处于人体可接受的安全辐射剂量范围内。

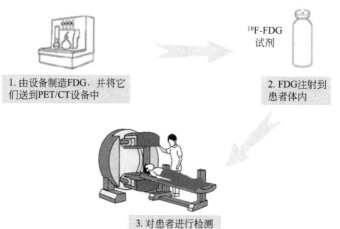

1. 由设备制造FDG，并将它
们送到PET/CT设备中

^{18}F-FDG
试剂

2. FDG注射到
患者体内

3. 对患者进行检测

2. ^{18}F-FDG 从何而来

自然界中氧元素有三种稳定同位素，分别是氧-16（^{16}O）、氧-17（^{17}O）和氧-18（^{18}O）。

医用回旋加速器

PET/CT 显像试剂 ^{18}F-FDG 制备的基础原料是 $H_2^{18}O$（重氧水）。在医用回旋加速器内，大约 8~16 MeV 的质子轰击装有重氧水的靶材便生成了 $H^{18}F$，将含有 $H^{18}F$ 和未转化的 $H_2^{18}O$ 混合溶液通过阴离子交换树脂分离，可回收 $H_2^{18}O$ 返回加速器再利用，收集的 $H^{18}F$ 与阳离子盐反应生成 ^{18}F 离子，经过乙腈脱水后，再与三氟甘露糖进行反应，反应产物经后处理得到所需的 ^{18}F-FDG。

^{18}F-FDG 是最常用的正电子发射断层扫描类医学成像设备的显像试剂。在 PET/CT 显像检查时，受检者体内注入 ^{18}F-FDG 之后，PET/CT 显像设备可以构建出 FDG 在体内分布情况的影像。然后，核医学影像医师对这些图像加以评估，从而做出有关医学健康状况的诊断。

需要特别说明的是，稳定同位素 ^{18}O 不仅用于合成 $^{18}F-FDG$ 一种显像试剂，利用氧 −18 原料还可以研制其他多种 PET/CT 显像试剂，尤其随着临床上 ^{18}F 标记核素分子多探针联合显像技术的应用，稳定同位素 ^{18}O 与 PET/CT 的强强联合，将在精准医疗领域得到更加广泛的应用。

第三节　癌症治疗新利器

肿瘤放射治疗是利用放射线治疗肿瘤的一种局部治疗方法。据统计，大约70% 的癌症患者在治疗过程中需要用到放射治疗，而约有 40% 的癌症可以实现放疗根治。尽管放射治疗已成为治疗恶性肿瘤的主要手段之一，其在肿瘤治疗中的作用和地位也日益突出，但在临床上，根据不同组织器官或肿瘤组织在受到辐射后表现出的不同效果，衍生出许多基于稳定同位素为初始靶材的精准放射疗法，具有"精准治疗"的典型特征，堪称癌症治疗"新利器"。

1. 氙同位素用于甲状腺癌治疗

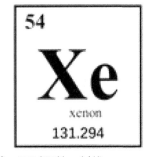

氙（Xe）是一种稀有气体，原子序数 54，化学性质极不活泼。高纯氙一般是从液化空气中分离提纯得到，由于氙在大气中含量极少，仅为 0.00087%，因此，人们将高纯氙气称为"黄金气体"。

氙 −124（^{124}Xe）是 9 种氙稳定同位素中的一种。^{124}Xe 作为初始靶材，经过反应堆中的中子辐照可得到氙−125（^{125}Xe），^{125}Xe 经 β 衰变后生成放射性同位素碘 −125（^{125}I），同时释放 γ 射线。

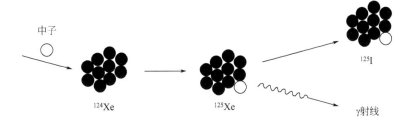

中子　^{124}Xe　^{125}Xe　^{125}I　γ射线

近年来随着放射物理和放射生物学的蓬勃发展，^{125}I 参与的放射自显影法诊断甲状腺肿瘤已得到良好的临床应用。

放射自显影法是一种利用照相乳胶（感光材料）记录、检查和测量样品中放射性示踪剂的分布、定位和定量的方法。其优点是：定位精确，灵敏度、分辨率高，能保存相当长时间；操作简便，不需复杂设备。由于甲状腺是人体内利用碘元素最多的器官，所以当人体摄入放射性的 ^{125}I 时，它们会富集在甲状腺。通过放射自显影技术即可得到甲状腺的形状，由此判断肿瘤的有无。

由于 ^{125}I 的半衰期较长、γ 射线能量低且无 β 辐射，对人体产生的辐射损伤小，因此 ^{125}I 在生物医学、放射免疫体外诊断和近距离植入治疗肿瘤等方面得到了广泛应用。如在 CT 和超声引导下的 ^{125}I 粒子植入术，已成为癌症晚期患者的救星，其基本原理是在 CT 和超声引导下将 ^{125}I 粒子植入肿瘤内部，每个 ^{125}I 粒子就像一个小太阳，其中心附近的射线最强，由于治疗定位更精准，可最大限度降低对正常组织的损伤。

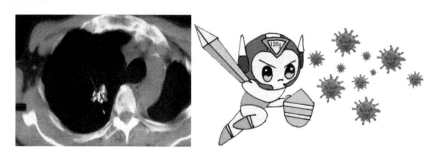

^{125}I 粒子植入术治疗癌症

目前，由氙 -124 作为初始靶材生成的碘 -125 粒子植入术，不仅用于治疗甲状腺癌，还在前列腺癌、肺癌、鼻咽癌、子宫内膜癌等癌症治疗方面得到广泛应用，凸显出疗效确切、局部损伤小、并发症少、手术时间短等优点。

2. 硼同位素用于治疗肿瘤

硼（B）元素在自然界中的含量较丰富，约占地壳组成的 0.001%。自然界中硼主要是以硼酸 [B（OH）$_3$]、硼酸盐 [B（OH）$_4$] 两种形式存在。硼有两种稳定同位素：^{10}B 和 ^{11}B，天然丰度分别约为 19.8%（原子分数）和 80.2%（原子分数）。其中，^{10}B 具有很强的防辐射和吸收中子的能力，正是基于 ^{10}B 对于中子的强吸收能力，硼中子俘获疗法（BNCT）被应用于脑胶质瘤、黑色素瘤等使用常规放射治疗效果不佳的癌症诊治领域。

5

B

boron

10.81

硼中子俘获疗法是一种新型的二元靶向放疗方法。1936 年，美国生物物理学家劳克尔（G. L. Locher）首先提出了硼中子俘获疗法的基本原理。该方法是将与肿瘤有特异亲和力的稳定同位素 ^{10}B 标记的化合物注入人体。由于肿瘤组织的生物学特性，含硼药物与肿瘤有较高的亲和力，因此肿瘤组织聚集的 ^{10}B 浓度会远高于正常组织。此时使用对正常细胞几乎没有伤害的中子束照射 ^{10}B 浓度高的部位，可以使富集在肿瘤细胞内的 ^{10}B 与热中子发生核反应，生成 ^{4}He、^{7}Li 与 α 粒子。反应方程式为：^{10}B+n $\longrightarrow$ ^{7}Li+^{4}He+α 粒子。

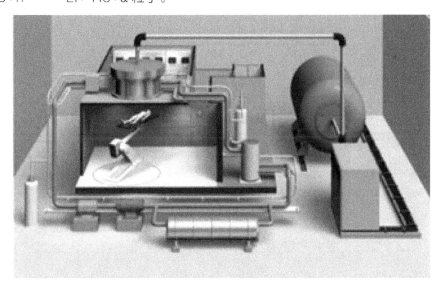

硼中子俘获治疗仪

^{7}Li 和 α 两种粒子射程分别为 4μm 和 9μm，小于肿瘤细胞的直径（10μm），而且这些粒子能在生物微观体积内局部产生高额能量，因此与传统的放射疗法相比，硼中子俘获治疗技术可以在细胞尺度上选择性杀死肿瘤细胞而不伤害正常组织。近年来，随着含硼药物结构的改良，其亲肿瘤性进一步提升，这使得硼中子俘获疗法在临床医学上的应用大大增加。

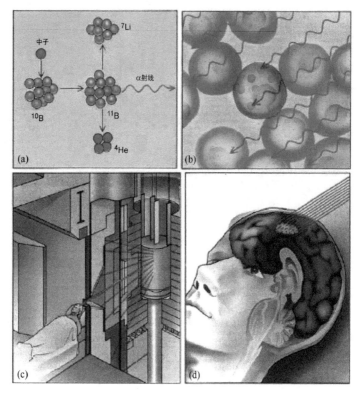

硼中子俘获疗法治疗脑肿瘤

脑胶质瘤是对人类威胁最大的恶性肿瘤之一，患者多为青壮年，平均存活时间不到半年，即使运用手术、放疗、化疗等治疗方法，效果均很不理想，患者5年存活率还不到3%。面对这类棘手的肿瘤组织，硼中子俘获疗法却有了施展身手的舞台。

2002年以来，日本的研究者们在大阪医学院进行了脑肿瘤治疗研究，使用硼中子俘获疗法共计治疗了50例复发性肿瘤，其中22例患者治疗后平均生存期为9.1个月，显著高于复发后接受其他治疗方法的平均生存期（4.4个月）。

黑色素瘤是起源于能制造黑色素细胞的恶性肿瘤，具有高度转移倾向。最常用的疗法是对病变区进行广泛性手术切除。但这类方法侵害性高，尤其对于老年患者较不友好。根据日本临床试验结果，使用硼中子俘获疗法的32例黑色素瘤患者，总体完全治愈率为78%，且该方法是一种非侵入性的治疗方案。

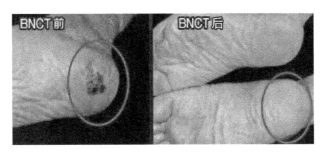

硼中子俘获疗法治疗黑色素瘤

目前，国内外医学界都意识到硼中子俘获治疗技术的巨大潜力，正在积极开展相关研究，完善这一先进诊治技术。尤其随着硼同位素生产技术的成熟以及临床使用中子束照射技术与仪器的普及，有望在不久的将来，实现硼中子俘获治疗技术临床上的广泛应用，真正成为诊治脑胶质瘤、黑色素瘤等复杂癌症的"新利器"，提高患者的存活率。

第四节　遗传病快速筛查及营养代谢的"量身定制"

在临床诊断中，免疫分析一直是应用最广泛的技术，但随着对检测结果精准性要求的提高，越来越多的应用场合开始将质谱法（mass spectrometry，MS）作为首选的检测方法。在众多的质谱分析方法中，稳定同位素稀释质谱法❶是一种准确度和精密度均很高的检测方法，目前广泛应用于维生素检测、激素检测、胆汁酸检测等临床分析领域。

1. 新生儿遗传代谢病筛查

随着我国社会经济的快速发展和医疗服务水平的提高，我国婴儿死亡率持续下降，危害儿童健康的传染性疾病逐步得到有效控制，但出生缺陷的问题日益凸显，成为影响出生人口素质的重大公共卫生问题。遗传代谢病是一类重要的遗传病，发生率占出生人口的 1%～2%，目前已注册的遗传病已逾 16380 种，常见

❶ 稳定同位素稀释质谱法：将已知质量和丰度的浓缩稳定同位素作为稀释剂加入样品中，均匀混合，用质谱仪测定混合前后同位素丰度的变化，由此计算出样品中该元素含量的方法。

遗传代谢病约 50 余种，总体发生率约为 1/5000 ~ 1/3000。通过新生儿遗传代谢病（IMD）筛查能够得到早期诊断和治疗，是避免智能残疾的发生，保障儿童正常的体质发育和智力发育的关键。

遗传代谢病并非不治之症。有资料显示，如果用串联质谱技术来筛查这些遗传代谢病，那么 3 岁以下的儿童约 1% 的意外死亡可以避免。

串联质谱分析技术目前已应用于高端实验室，是更为先进的分析技术，血液中的多种化合物用串联质谱来进行微量分析，在同一次检测中便可以知道其中代谢产物的数值是否在正常范围，只需要一滴血就可以同时对 48 种遗传代谢病进行筛查，是更优质更有效的筛查方法。自 1990 年美国科学家大卫·斯图尔特·米林顿（David Stuart Millington）等首次将串联质谱用于新生儿筛查以来，在多年来的时间里，串联质谱法已经发展成为新生儿遗传代谢病筛查中最理想的分析技术。串联质谱法是一种高灵敏度、高特异性的快速分析技术，可以同时测定生物样品中多种目标代谢物，通过一次实验即可筛查出包括氨基酸、有机酸代谢紊乱，脂肪酸氧化缺陷在内的多种遗传代谢病，真正实现了从"一种实验检测一种疾病"到"一种实验检测多种疾病"的转变，并且能够使假阳性和假阴性的发生率大大降低。目前，欧洲、美国、澳大利亚、新加坡及中国都已经陆续普及串联质谱法新生儿疾病筛查方案。

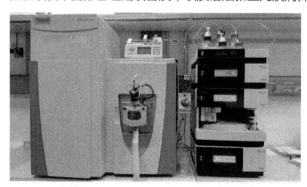

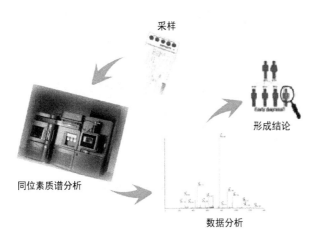

采样

同位素质谱分析

形成结论

数据分析

作为临床诊断的标准，新生儿筛查通常采用串联质谱法，串联质谱检测结果的准确性如何保证呢？稳定同位素内标是保证串联质谱准确性的关键，也就是在进行检测的时候加入由碳 –13（^{13}C）或氮 –15（^{15}N）标记的氨基酸、胆碱等试剂作为"标尺"，从而保证检测结果的精准可靠。

那稳定同位素内标是如何保证检测准确性的呢？同位素内标又是如何消除样品复杂组成对检测结果的影响呢？其关键在于同位素内标与待测样品性质相似，但它们在质谱中的表现不同，因为它们有着不同的质荷比。在样品中加入同位素内标可以消除干扰样品的一些因素。可以说，在使用同位素稀释质谱法时，测定的结果很少受到样品复杂组成和仪器条件变化的影响，检测结果更加准确。举个临床中实际检测示例，就知道同位素是如何"大显身手"的。

大家都知道，维生素 D 对于新生儿的健康具有重要意义，维生素 D 充足不仅有利于钙磷代谢、骨骼和骨骼肌健康，预防跌倒，还能降低癌症、心血管疾病、自身免疫病、感染性疾病、过敏性疾病的发生率。新生儿维生素 D 水平主要取决于母亲孕期的储备，如储备不足新生儿会有骨矿化不良、维生素 D 缺乏性佝偻病、生长发育迟缓的风险。医学检验上，无法直接

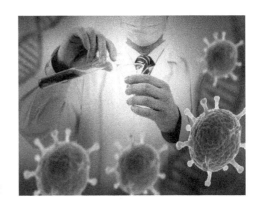

检测维生素 D 的含量，通常检测 25OHD2[1] 和 25OHD3[2] 的含量间接反映出体内维生素 D 水平。检测维生素 D 的传统方法有放射免疫、竞争蛋白结合法等，但是传统技术由于方法特异性及抗基质干扰能力较差，且有些方法不能同时准确测定 25OHD2 和 25OHD3 的含量，因此无法准确反映出血清 25OHD 浓度。利用稳定同位素氘标记的 25 羟基维生素作为内标，采用同位素稀释质谱法，结合高效液相色谱串联质谱用于维生素 D 的检测，可同时准确测定 25OHD2 和 25OHD3 的浓度，且方法特异性好、抗干扰能力强，被公认为是检测新生儿血清 25OHD 的"金标准"。

2. 营养代谢的"量身定制"

淌鼻涕、发热的时候，医生常常会让患者去验血，根据验血的结果，医生对疾病进行诊断和治疗。因此，患者的生化检测结果准确与否直接影响着医生的诊断，尤其对于一些特殊疾病的诊断，如激素水平异常导致的疾病，生化检测结果的精准度对疾病诊断更是至关重要。

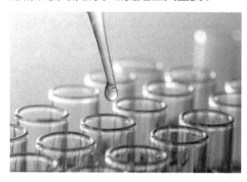

在分析化学领域，色谱和质谱是最常用且高效的分离和检测手段。将色谱及质谱联用技术用于临床样本检测，即为"临床质谱"。有人称"临床质谱"是"下一个百亿蓝海"，这足以说明它在疾病诊断中的巨大潜力。同样地，在临床质谱的分析样品中加入同位素内标可以消除基质效应带来的干扰，从而可以高效而精准地完成目标物的定量分析。

蛋白质是人体内最为重要的一类物质，是生命的物质基础，可以说没有蛋白质就没有生命。因此，蛋白质的合成速率对生命体代谢状态的评价、营养代谢水平的评估具有十分重要的意义。那么，如何准确评价蛋白质的合成速率呢？这时

---

[1] 25OHD2：25 羟维生素 D2。
[2] 25OHD3：25 羟维生素 D3。

候稳定同位素标记氨基酸可以大显身手了。

氨基酸作为蛋白质的基本组成单位，通过测定氨基酸合成和分解的速率，就可以间接得到蛋白质的合成速率。将同位素标记的氨基酸如 ^{15}N- 甘氨酸、^{15}N- 丙氨酸、^{15}N- 谷氨酸等经静脉注射入体内，一段时间后，这些标记的氨基酸通过血液到达身体的各个部位，随后进入细胞参与到蛋白质的合成当中。在不同时间点从血液、尿液或组织液抽取样本，测定样品中 ^{15}N 同位素丰度就可计算出蛋白质的更新率、

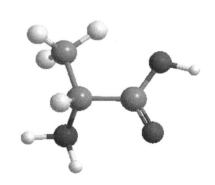

氨基酸结构模型

合成率和分解率，进而直观地评估生命体的代谢状态和营养代谢水平。

第五节　神奇的低氘水

水是人体正常代谢所必需的物质，正常情况下身体每天要通过皮肤、肺以及肾脏排出 1.5L 左右的水。由于氢同位素的质量不同，人们把两个原子量为 1 的氢原子（H）与一个氧原子（O）组成的水（H_2O）叫轻水；把两个原子量为 2 的氢原子（亦称氘，D）与一个氧原子（O）组成的水（D_2O）叫重水。天然水中，氘的含量约为 150μg/g（即 150ppm），所以人们将氘含量低于 150μg/g 的水称为低氘水。但鲜为人知的是，轻水和重水对人体代谢而言却表现得截然不同。

1. 水中贵族——低氘水

水（H_2O）是地球上最常见的物质之一，水分子是由 2 个氢原子与 1 个氧原子组成的无机化合物，无毒，可饮用。水是生命体生存的重要资源，也是生物体最重要的组成部分。水在常温常压下为无色无味的透明液体，被称为人类生命的源泉。

（1）什么是氘

自然界中，氢有三种同位素，分别是氕（^{1}H）、氘（^{2}H 或 D）、氚（^{3}H 或 T）。其中，氕和氘是稳定同位素，氚则是放射性同位素。

为了寻找氢的同位素，人们前后用了十几年的时间，研究者们从理论上推导，认为应该有质量数为 2 的氢同位素存在，提出了有关氢同位素的假说，并且估算出 ^{2}H : ^{1}H=1 : 4500 的比例。直到 1931 年，美国著名化学家、物理学家哈罗德·克莱顿·尤里（Harold Clayton Urey，1893—1981）把 4L 液态氢在三相点 14K 下缓慢蒸发，最后只剩下几立方毫米液氢，然后用光谱分析。结果在氢原子光谱的谱线中，得到一些新谱线，它们的位置正好与预期的原子量为 2 的氢谱线一致，从而发现了重氢。根据尤里的建议，重氢被命名为 deuterium（中文译为氘），符号 D，在希腊语中是"第二"的意思。由于氘元素的发现，尤里获得了1934 年的诺贝尔化学奖。后来英国、美国的科学家们又发现了质量数为 3 的重氢 tritium（中文译为氚），符号 T。

哈罗德·克莱顿·尤里
（1893—1981）

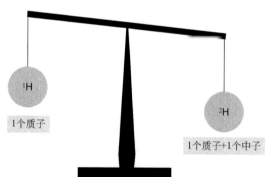

氢的两种稳定同位素

与氢原子相比，氘原子核内多了一个中子。这一区别导致了重水和轻水在物理和化学特性上存在些许差异，如重水密度略大，冰点略高，沸点略高，黏度约为天然水的 1.2 倍；导电性等物理性质差异大；重水参与化学反应的速率比普通水缓慢等。

人体内的水含量占到了 65%～70%，水中的氢原子可与电负性大、半径小的原子（例如氧、氟、氮）接近形成氢键❶，而氢键是 DNA 的基本化学键，是一种特殊的分子间或分子内的相互作用力，几乎参与了生命体内所有的反应和构成，因此，人体内氘含量影响着 DNA 的遗传和复制。当人体内氘含量偏高的时候，由于氘化学键的断裂速度只有氢键的 1/10～1/6，那么这些由氘参与的化学反应，速率就会大大降低。一旦 DNA 转录复制中的随机错误发生在氘键上，就很难被 DNA 修复酶纠正，而这些错误，可能会对人体产生不可逆转的危害。

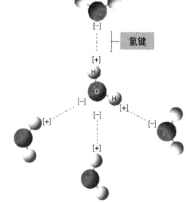

尽管水中正常的氘含量对人体没有引起明显的危害性，但若正常的水中稍微脱去一部分氘，对人体健康却大有裨益。

（2）低氘水的获取

在地球上 100 个不同的观测点测量降水中氘的含量，可以得出如下结论：以赤道为中心，越接近极地，水中的氘含量一般就越少，如天然冰川水的氘含量一般在 135～140μg/g；越接近赤道，水中的氘含量越高。

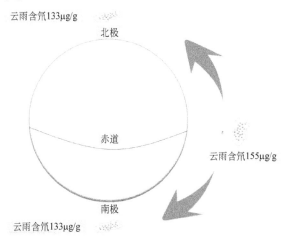

云雨含氘133μg/g
北极
赤道
云雨含氘155μg/g
南极
云雨含氘133μg/g

❶ 氢原子与电负性大、半径小的原子 Y 之间以氢为媒介，生成 X—H⋯Y 形式的一种特殊的分子间或分子内相互作用，称为氢键。

在赤道区域，从海洋中蒸发产生的水蒸气中氘含量为 150～155μg/g，含有氘的水汽较重，当云层向两极飘移时，降落的水量比生成的量要多，使得水蒸气中的氘含量逐渐降低，所以到了两极时，氘含量降至 130～140μg/g 左右。总体而言，越偏离海边，海拔越高，其水中的氘含量就越低。

除了大自然的鬼斧神工形成天然低氘水之外，人类不断研究通过高科技的工艺方法将天然水中氘含量降低，就分离方法而言，主要有化学交换法、蒸馏法、电解法、热扩散法、膜扩散吸附法等。

2. 低氘水的功效

自然界的水不是以单一水分子（H_2O）形式存在的，而是由若干水分子通过氢键作用而聚合在一起，形成水分子簇，俗称"水分子团"。这些簇合物有多种存在的形式，其中最简单的就是二聚水 [化学式：$(H_2O)_2$]。这些簇合物的形成有助于解释水的许多反常性质，譬如其密度不完全遵守热胀冷缩的规律。

（1）低氘水是小分子团水

对于任何自由液态水，可以利用 ^{17}O 核磁共振谱线宽来表征液态水团簇结构的平均相对大小：核磁共振谱线越宽，团簇越大；谱线越窄，团簇越小。经分析证实，低氘水的分子团半幅宽为 64Hz，较一般的天然水小 50% 以上，属于小分子团水 [1]。

（2）低氘水容易通过细胞膜水通道

科学家们做了许多有趣的研究，发现细胞膜中存在着一系列物质交换的"城门"，且一种"城门"只允许某一种分子出入，人们将上述"城门"称为细胞膜通道，直径只有 2nm。一个更有趣的研究震撼了世人：2000 年美国科学家彼得·阿格雷（Peter Agre）成功地拍摄了世界上第一张细胞膜水通道蛋白质的高清晰照片并向世人公布。他的伟大发现揭示了这种结构只允许水分子通过，并且有着十分重要的作用，比如在人的肾脏中就起着关键的过滤作用，这些物质的组成被称为"细胞膜水通道"。彼得·阿格雷因在胞膜通道方面做出的开创性贡献而获得 2003 年诺贝尔化学奖。

---

[1] 小分子团水：普通水通常由10个以上的水分子组成一个水分子团，叫"大分子团水"，例如雨水、湖水。而"小分子团水"由 5~8 个水分子组成，例如冰川水、低氘水。

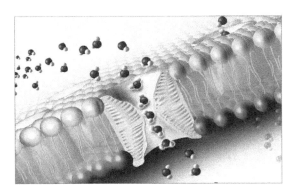

彼得·阿格雷　　　　　　　　　　细胞膜水通道蛋白质

　　大分子团水是难以进入人体细胞的，只有那些具有短链状结构的小分子团水，才更容易进入细胞，同时把各种离子输送到细胞膜离子通道而进入细胞内，参与生命体的新陈代谢活动。水分子团越小，活性越大，口感越好；而水分子团越大，活性越小，口感也就越差。

　　（3）低氘水的抗肿瘤功效

　　20世纪90年代，匈牙利科学家开始研究氘对人体健康的影响。研究者们认为氘的缺失能显著降低细胞分化的速度，进而得出该项研究的最重要结论：低氘水能显著抑制肿瘤细胞的分裂繁殖。依照这一科学结论，从1990年开始，研究团队开始对癌症、糖尿病等疾病患者长期饮用低氘水的效果进行了大量的临床跟踪研究，发现低氘水对癌症的防治和辅助治疗有着非同一般的效果，是一种全新的阻止肿瘤细胞生长的新疗法。

重水的存在是癌细胞分裂的必要条件之一

缺少重水，癌细胞的分裂受阻

现代医学研究证明，与天然水中的氘结合在一起的癌细胞即便使用抗癌剂，它也照样增殖。而且癌细胞进入分裂周期的初期也需要氘，如果氘供给不足，含氘较少的癌细胞，受到具有免疫机能的 NK 细胞及吞噬细胞的攻击就很容易被分解，最终坏死。

不仅如此，低氘水还具有抗辐射、抗氧化的作用，能够改善受损的胰岛细胞功能从而降低血糖；还能对神经系统起到调节作用，如增强记忆力、抗抑郁等。虽然目前上述作用的具体分子机理尚不明确，但是未来可以从人体代谢组学和基因层面深入探究低氘水的作用机制，将低氘水从实验室研究发展到临床治疗，并进一步推广应用于化妆品、保健品和辅助医疗等大健康领域。

第六节 测量人体健康与营养的"精准工具"

营养问题一直是全球都密切关注的话题。为了准确测量人体所需的营养，我们应该首先搞清楚怎样能够准确地测量人体的成分？每天人体正常能量消耗是多少？人体至少需要多少维生素 A 才能保证正常的营养？利用稳定同位素这一"精准工具"，可以得到这些问题的答案，并以此指导人体健康的膳食营养。

我们身体中含有大量的 C、N、O 元素的稳定同位素，如一个体重为 50kg 的人，身体中的稳定同位素 ^{13}C 含量最多，约为 137g，D 为 1.5g，^{15}N 为 5.1g，^{17}O 为 12.3g，^{18}O 为 68.6g，总量约为 225g。

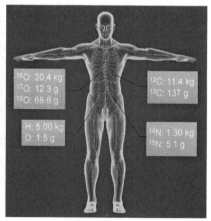

虽然人体中含有的稳定同位素比例各不相同，但均具有每种稳定同位素用作示踪剂测量所需要的基准特征。所以，利用稳定同位素安全、无辐射的特点，营养学家们通过让人体摄入某些特定的稳定同位素示踪剂，再结合同位素质谱仪等设备进行分析检测，就可以追踪到稳定同位素示踪剂在人体中的吸收、代谢等情况。

世界上首次将稳定同位素示踪技术应用于营养学研究是在 1935 年。科学家们用氘代亚麻籽油喂养了两只小鼠，当时预计氘元素会因脂肪氧化作用而转化成二氧化碳和水而迅速释放出来。然而，从小鼠尿液中回收得到的标记物数量不到预计的一半，其余的标记物已进入小鼠体内的脂肪层中。

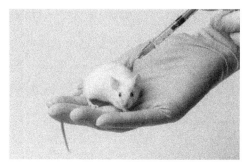

营养学研究的小鼠实验

就这样，人们首次证实了人体成分的动态特性，这次实验是利用稳定同位素来研究生命代谢的开始。在这项研究中，氘代亚麻籽油即为稳定同位素示踪剂，它是稳定同位素示踪法中必须使用到的一种试剂。在此之后，科学家们利用这一技术，开发出了测定人体中各种营养元素的需求量及消耗量的方法，并以此指导人类的健康膳食。

1. 利用稳定同位素示踪技术测量身体成分

简单来说，人体的成分分为脂肪量（fat mass，FM）和无脂肪量（fat free mass，FFM）。其中，无脂肪量（FFM）主要由水、蛋白质和矿物质组成。测量人体成分的方法有很多种，最常见的方法是生物电阻抗分析法，它的主要原理为欧姆定律，利用机体静态与动态不同电阻特性，结合人体组分定律、水含量、身体密度以及年龄、种族和性别等相关生物学特性，得出人体组成状态，我们生活中用到的体脂秤就是采用这种方法。由于这种方法是基于各种理想模式的假设下进行测量，所以它的精确度一直备受质疑。

为了得到精确的人体成分数据，科学家们假设脂肪量（FM）不含水，然后利用稳定同位素示踪剂（氘或氧 –18 的水）可识别的特点，来精确地计算出人体中

的脂肪量。具体的测量过程为：①让受试者服用已精确称量的稳定同位素示踪剂，也就是氘或氧-18标记的水；②饮用几小时后，氘或氧-18标记的水与人体内的水混合并均匀分布，然后通过唾液或尿液采样；③在实验室中，用同位素质谱仪测定样品中的氘或氧-18的同位素丰度；④由于消耗的氘或氧-18的量和体内水中氘或氧-18的含量都是已知的，因此可以计算出身体的总含水量。一旦研究人员了解了体内水的总量，就能计算出体内脂肪量和无脂肪量的比例，这就是所谓的人体成分。

利用稳定同位素示踪技术测量人体中的脂肪量，是国际上公认的测定人体总体水的"金标准"方法。此方法准确度高、容易被接受且适用于各年龄段，对判定肥胖、消瘦以及疾病状态下人体各成分变化有着重要的意义，对疾病康复也有指导作用。

2. 稳定同位素技术用于测量能量消耗

我们平常在运动时，经常看到一个"能量消耗"的指标。这个指标的常规测试方法主要有心率监测法、膳食平衡法等，最常见的就是我们运动手环给出的"能量消耗"数据。但这些方法都是基于一定经验公式的推算，并不精确。而航天员、军人、孕妇、运动员等特定人群的能量消耗的测量，必须有精确的数据才能准确地指导他们的膳食。他们又是通过什么方法测量的呢？基于稳定同位素示踪技术的双标记水法，可以精准地测量人体中的能量消耗数据。

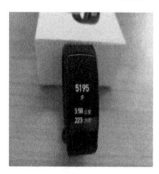

双标记水法（doubly labeled water，DLW）是一种经典的精确测量能量消耗的方法。其原理是通过服用一定剂量的由稳定同位素氘（D）标记水（D_2O）与 ^{18}O 标记的水（$H_2^{18}O$）后，根据稳定同位素 D 通过水代谢排出，而 ^{18}O 通过水与

二氧化碳代谢排出这一原理，利用同位素质谱仪，通过尿液或唾液测量体内 D 与 ^{18}O 的同位素丰度，得出 D 与 ^{18}O 的消除率，计算出二氧化碳排出率，进而得到人体的能量消耗。

例如，利用这一方法可以精确地找到现代人肥胖的原因。众所周知，现代人有很多不健康的生活方式，如管不住嘴、迈不开腿，从而导致每天的热量摄入多而消耗少。但导致肥胖的真正原因是"管不住嘴"还是"迈不开腿"，一直没有准确的答案。

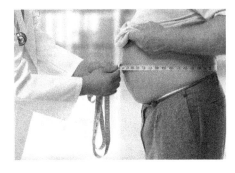

为了找到这一问题的答案，美国科学家采用双标记水法（D_2O、$H_2{}^{18}O$），对亚马逊地区和美国、英国等工业化城市儿童进行了一项"能量消耗"测量的研究。研究发现，尽管亚马逊地区儿童的身体活动量比工业化城市儿童高出约 25%，但他们每天的能量消耗量并没有差异。也就是说，在相同食物摄入量的情况下，增加运动量并没有增加人体的能量消耗。因此，肥胖的核心问题是吃太多，而非运动太少，这才是导致全球肥胖率上升的主要因素。

工业化城市和亚马逊地区儿童出行方式

在国际原子能机构发布的"国际原子能机构人体健康系列第三部分"中指出，双标记水法是准确测量一个人在正常的日常生活条件下每天消耗能量的唯一办法。目前，该方法已广泛应用到特定人群的能量消耗测量中，如航天员在航天飞行过程中的能量消耗数据、授乳母亲在哺乳期的能量消耗等。通过这一方法测得的能量消耗数据，对人体健康状态的检测、食物的准确配给有重要的指导意义。

3. 评估人体中维生素 A 的状况

维生素 A，亦称为视黄醇，是人体最重要的脂溶性维生素之一，必须由膳食提供，缺乏或过量均会对人体健康产生影响。维生素 A 营养水平的评估有多种方法，如膳食摄入评估、生理指标（暗适应）、临床症状（毕脱斑、角膜损伤）、生化指标（血清维生素 A 浓度、肝脏维生素 A 浓度）、稳定同位素技术等。但上述

方法在实际应用中均有一定的难度或不足。例如，临床指标导致的维生素 A 异常可能是其他原因引起的，并不能真实地反映人体内维生素 A 的状况；肝脏维生素 A 浓度可以客观地反映人体维生素 A 营养状态，但这项数据只能在尸检样本中获得。而采用稳定同位素技术，通过测量人体肝脏中维生素 A 的储备量，就可以真实、客观地反映人体中维生素 A 的变化情况。

稳定同位素技术测量人体肝脏中维生素 A 储备量的原理为：让受试者服用稳定同位素示踪剂 [^{13}C 或 D 标记的维生素 A（维生素 A-^{13}C$_3$ 或维生素 A-D$_8$）]，大约 2 周后，服用的稳定同位素示踪剂与身体中的维生素 A 均匀混合，然后通过质谱法测量血液中 ^{13}C 或 D 标记的维生素 A 的浓度，由此浓度可以精确地计算出体内维生素 A 的总含量。

目前，这种方法被认为是无创性评估维生素 A 状况的最灵敏方法，已经在国际上广泛应用，并已成为国际原子能机构的推荐方法。

4. 测量人体氨基酸需求量

人体内的蛋白质由 20 种氨基酸构成，其中有 9 种是人体自身所不能合成的，必须直接从外环境中摄取并经过体内的生理生化反应而合成人体需要的蛋白质。蛋白质的代谢是蛋白质在体内不断地合成和分解的过程，总体蛋白质代谢反映了蛋白质在机体所有组织中的代谢情况。通常情况下，人体内存在氮平衡，通过膳食给人体提供的蛋白质应满足机体的这种平衡，长时期不恰当的正氮平衡和负氮平衡都会对人体造成危害。因此，需要一种方法能够准确地测量人体中的氨基酸需求量。

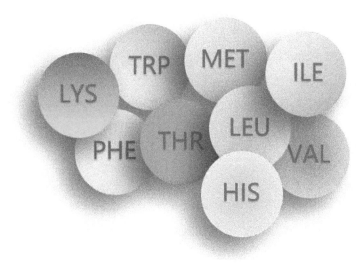

我们知道，氨基酸主要是由碳、氢、氧、氮这四种元素构成的，因此，在对氨基酸的代谢动力学和生理需要量的研究中，经典的方法就是利用稳定同位素示踪法。通过对氨基酸进行 ^{13}C、^{15}N 或 D 标记，使其成为安全无辐射的稳定同位素示踪剂，然后向人体中注射或服用

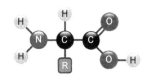

氨基酸结构式通式

该示踪剂，通过取样、分析，对氨基酸在体内的代谢过程进行动态观察，这样就可以确定氨基酸的氧化率及吸收利用率，再通过特定的计算公式求出人体对氨基酸的需要量。

与其他示踪剂不同的是，稳定同位素标记氨基酸示踪剂的标记类型是有特定要求的。通常情况下，根据研究的具体要求和目标，所采用的标记原子通常为 ^{15}N、^{13}C 和 D。其中，^{15}N 标记的位置通常为氨基酸的 α- 氨基，^{13}C 标记的位置通常为氨基酸的 α- 羧基，D 通常标记芳香族氨基酸的苯环。常用的稳定同位素标记氨基酸为 ^{13}C 或 ^{15}N 标记的 L- 甘氨酸、L- 亮氨酸、L- 赖氨酸、L- 苯丙氨酸、L- 酪氨酸等。

适当的营养是健康的基础。全球正面临营养失衡、营养不良和肥胖的双重负担，这很容易导致非传染性疾病。稳定同位素技术作为测量人体健康与营养的"精准工具"，可以有效、安全、准确地评价人体的营养状况，以应对各种形式营养失衡导致的危害。

参考文献

[1] Warren J R， Marshall B J. Unidentified curved bacilli on gastric epithelium in active chronic gastritis[J]. Lancet，1983（2）：1273-1275.

[2] 世界卫生组织国际癌症研究机构致癌物清单. 国家食品药品监督管理局[Z].2017.

[3] 赵瑞斌，吴小红，李贻海. 幽门螺旋杆菌四种检测方法的临床研究[J]. 当代医学，2019，25（31）：97-99.

[4] 葛巨龙. ^{125}I生产现状及前景展望[J]. 同位素，2013，26（4）：204-207.

[5] 周永胜，谢全新，耿冰霜.氘同位素应用及生产综述[J].科技视界，2016，18：18-19.

[6] 代从新，姚勇，王任直. 硼中子俘获疗法治疗脑胶质瘤及难治性垂体腺瘤的现状及展望[J]. 中国工程科学，2012，14（8）：96-99.

（负责人：肖　斌；主要编写人员：田叶盛　刘　严　王　伟）

第三章

食品安全的守护者

　　食品是人类赖以生存、发展的基础。"食品安全""食品真实性"与"食品质量"是食品的三大属性，直接关系到人类的生命健康，影响人类的生活质量。随着消费水平的提高，人民群众的饮食方式发生了很大的变化，食品品质也有很大提升，人民更加关注食品的安全、营养和真实性。

然而，在科学技术快速发展的同时，食品中掺杂、掺假的水平和手段也越来越高明，除了一些诸如苏丹红鸭蛋、三聚氰胺奶粉这类的非法添加物外，还存在着地理标识产品、特色产品和有机食品的以次充好，以假乱真，采用常规手段越来越难以检测，导致其已然成为全球范围内的监管难题。稳定同位素技术作为食品安全检测新技术中的"宠儿"，起到了越来越重要的作用，能够从更高标准上保障食品从田间到餐桌的"舌尖上的信任与安全"。

第一节　从吃得饱到吃得安全

40 年来，我国粮食总产量翻了一番多，人均占有量超过世界平均水平，从 8 亿人"吃不饱"到 14 亿人"不愁吃"，这是一项了不起的成就。但随着越来越多的食物种类进入百姓餐桌，食品安全问题也逐渐凸显出来。

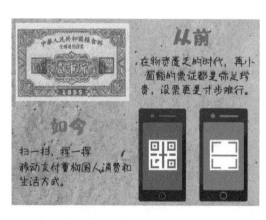

中国自古就有"民以食为天"的说法，"吃"可谓是百姓生活的头等大事。可是一提到食品安全，大家或多或少有一些忧心忡忡，一段时期以来，频频发生的食品安全事件，引起民众对健康、生命安全的关注。苏丹红鸭蛋、三聚氰胺奶粉、瘦肉精、塑化剂、毒生姜等，这些屡禁不止的食品安全事件，反映出的是假冒伪劣手法多变以及掺假造假技术的不断"进步"，这就需要找出一种灵敏度❶高和准确度好的检测方法。

同位素稀释质谱法就是一种测量范围广、灵敏度高、准确度好的检测方法，目前已广泛地应用于食品安全检测领域，尤其是食品中微量、痕量甚至超痕量有害物质的检测，已逐渐地被纳入我国食品安全国家标准的主要检测方法中。该方法的核心就是将稳定同位素内标作为标尺，在样品的处理阶段就被加入，一直贯穿到被质谱仪检测的整个"检测生命周期"。有了这个"标尺"的存在，借助质谱仪，就可以保证检测结果的准确可靠，因此该方法被誉为质谱检测领域的"金标准"。

用于食品安全检测的同位素内标试剂和质谱仪

同位素稀释质谱法：将已知质量和丰度的稳定同位素标记化合物作为稀释剂加入样品中，均匀混合，然后用质谱仪测定混合前、后的同位素丰度变化情况，由此计算出样品中该元素含量的方法。该方法的优点是可以有效消除食品复杂基质中的样品前处理过程中产生的回收率差异，降低体系的基质效应，消除检测仪器响应的误差。

1. 农兽药残留超标的检测

食品中的农兽药残留超标问题一直是食品安全领域关注的焦点之一。农产品中发现的农药残留主要包括有机氯类农药、有机磷类农药、氨基甲酸酯类农药、拟除虫菊酯类农药等。同样，在畜禽的养殖过程中，遗留在动物体内的兽药残留

---

❶ 灵敏度：对于任意一种测量工具而言，灵敏度反映的是能测到多"低"、多"小"、多"少"。对于一种检测方法而言，它的灵敏度越高，表明该方法可以检出分析物的浓度越低。

也会随着食品在市场中的流通进入人体，威胁着食用动物性食品消费者的身体健康。因兽药滥用而引起的涉及食品、环境、贸易等领域诸多问题广受关注，国际食品法典委员会（CAC）及各国政府制定了严格的兽药最大残留限量标准并进行监控。

但是，农兽药残留的检测过程复杂，难点也很多。如肉类样品的基质效应❶明显、兽药的分子结构复杂、代谢产物多而杂等，直接导致兽药残留的准确测量极具挑战性。稳定同位素稀释质谱法作为一种可有效消除样品基质效应的检测方法，在近些年发生的"毒生姜""瘦肉精""有毒多宝鱼"等农兽药残留超标检测技术中所占到的比重越来越大。

（1）"毒生姜"残留检测

2013年5月4日央视"焦点访谈"报道，记者在山东潍坊地区采访时发现，当地有些姜农使用"神农丹"（涕灭威）剧毒农药种姜。在此之后，南京、杭州等地的市场监管部门对当地农贸市场的生姜进行抽样检查，均发现了"神农丹"这一剧毒农药的残留。

"神农丹"的主要成分是一种叫涕灭威的剧毒农药，50毫克就可致一个50千克重的人死亡。按照我国农业农村部的相关规定，涕灭威只能用在棉花、烟草、月季、花生、甘薯上，严禁用于蔬菜、瓜类和水田，按照国家标准规定，根茎类

---

❶ 基质是指样品中被分析物以外的组分，这些组分常常会对分析过程有显著的干扰，并影响分析结果的准确性，这些影响和干扰就被称为基质效应。

蔬菜中涕灭威的残留量不得高于 0.03 mg/kg。

对于生姜等农产品中涕灭威农药超标残留检测，有什么好的方法吗？目前，涕灭威超标残留检测的方法主要有气相色谱法、液相色谱柱后衍生荧光法、液相色谱 - 串联质谱法等。由于涕灭威的热稳定性差，所以在采用气相色谱法检测时，需先将涕灭威氧化为涕灭威砜后，再进行检测，这显然不能满足涕灭威残留状况评估的要求；而液相色谱柱后衍生荧光法的衍生步骤非常烦琐。对于极性高、热不稳定性化合物的微量及痕量分析测试，液相色谱 - 串联质谱法是首选方法，再配合同位素稀释质谱法，就可以消除基质效应的影响，实现农产品中痕量涕灭威超标残留的检测。以氘标记涕灭威作为内标试剂，采用液相色谱 - 串联质谱法对花生、生姜等农产品中的涕灭威进行检测，检测限可以达到 2μg/kg。

（2）痕量"瘦肉精"的检测

瘦肉精是一类药物（β- 受体激动剂）的统称，主要包括盐酸克伦特罗、沙丁胺醇、莱克多巴胺和特布他林等。这类药物的主要作用是抑制脂肪的生成且促进瘦肉生长，但因其化学性质稳定，一般的烹饪难以将其分解和破坏，对人体健康危害很大。

瘦肉精的检测技术有很多种，常见的就是采用"三联卡"的快速检测法，如下图所示，猪肉样品经处理后，滴入"三联卡"的样品孔内，当"C"区和"T"区都显色时，说明猪肉中不含瘦肉精；当"C"区显色，而"T"区不显色时，说明猪肉中含有瘦肉精。这种方法只能够检测瘦肉精含量比较大的猪肉样品，不适用于瘦肉精含量的准确检测。

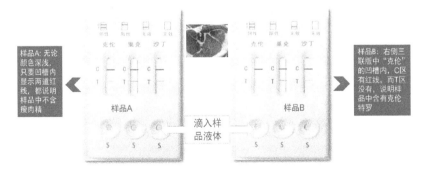

俗话说"道高一尺，魔高一丈"，不良养殖户通过减少猪肉饲料中瘦肉精的加入量，就可以轻松地躲过"三联卡"的检测。

但是，还有一句俗话是"白骨精再高明，也逃不过孙悟空的火眼金睛"，这个"火眼金睛"就是采用质谱仪的同位素稀释质谱法。向绞碎的猪肉样品中加入稳定同位素氘标记克伦特罗-D₉等内标试剂，再经过一系列的提取、纯化后，经质谱仪检测，检测限❶可以达到 0.4μg/kg，也就是说，假设 1 粒米的质量是 0.02g，即使 50 吨猪肉中存在 1 粒米重的瘦肉精，采用同位素稀释质谱法也能检测出来。

（3）鉴别"有毒"多宝鱼

2005 年，济南、上海、广州、香港等城市在抽样检测时相继发现多宝鱼中的硝基呋喃类药物残留。对此，上海监管部门发出"消费预警"，提醒市民慎食多宝鱼；北京、广州等城市下达了全市范围的多宝鱼紧急停售令。

天然多宝鱼是在深海里生长的，人工养殖很难提供那样的环境，加上本身抗病能力差，所以养殖者就会大量地使用诸如硝基呋喃类等禁用的兽药。长期下去，鱼体内累积的残留药物就会严重超标，变成了"有毒"多宝鱼。

多宝鱼检出致癌物硝基呋喃类药物

硝基呋喃类药物是人工合成的抗感染药物，主要包括呋喃西林、呋喃唑酮、呋喃它酮及呋喃妥因。该类药物最大的优点是抗菌能力强，但因其对人体具有潜在致癌性和致畸性，农业农村部将其列为禁用兽药，并明确规定任何人不得生产、销售和使用。

硝基呋喃类药物的检测方法主要有酶联免疫法、

❶ 检测限（limit of detection，LOD）：又称检测极限，是指某一分析方法在给定的可靠程度内可以从样品中检测待测物质的最小浓度或最小量，检测限越低，说明分析方法的灵敏度越高。

免疫色谱法、液相色谱法和液相色谱 - 串联质谱法。酶联免疫法和免疫色谱法所需设备简单、操作方便，但是它们的检测灵敏度低，经常会出现假阳性，因此主要用作初级筛查。以稳定同位素 ^{13}C、^{15}N 或 D 标记的氨基脲、3- 氨基 -2- 噁唑酮、1- 氨基 -2- 内酰脲等作为稳定同位素内标试剂，采用同位素稀释质谱法结合液相色谱 - 串联质谱法检测鱼类产品中的硝基呋喃代谢物残留，检测限可以达到 $0.05\mu g/kg$，实现定量检测。事件爆发后，我国颁布并实施的国家标准 GB/T 20752—2006《猪肉、牛肉、鸡肉、猪肝和水产品中硝基呋喃类代谢物残留量的测定 液相色谱 - 串联质谱法》和 GB/T 21311—2007《动物源性食品中硝基呋喃类药物代谢物残留量检测方法 高效液相色谱 / 串联质谱法》也推荐采用该方法。

孔雀石绿

致畸形、致癌

　　"一波未平、一波又起"。在对多宝鱼中硝基呋喃类药物超标残留抽样检查时还检出了孔雀石绿、恩诺沙星、环丙沙星、氯霉素、红霉素等禁用的兽药残留。孔雀石绿是一种颜色像矿物孔雀石的三苯甲烷类化学物质，既是一种染料，也是能有效杀灭真菌、细菌、寄生虫的药物，在水产养殖中常用作治疗鱼类或鱼卵的寄生虫、真菌或细菌感染。孔雀石绿具有高毒素、高残留和致癌、致畸、致突变作用，严重威胁人类身体健康，其代谢物隐色孔雀石绿毒性则更强，我国在 2019 年已将其列入食用动物中禁止使用的药品及其他化合物清单。

　　由于水产品中的孔雀石绿残留量较低，又加上水产品基质复杂，对样品前处理和检测技术要求都很高。因此，液相色谱法等常规的检测方法经常有假阴性的情况出现。我国颁布的国家标准 GB/T 19857—2005《水产品中孔雀石绿和结晶紫残留量的测定》和进出口行业标准 SN/T 5116—2019《进出口食用动物、饲料孔雀石绿、结晶紫测定 液相色谱 - 质谱 / 质谱法》中，均采用了同位素稀释质谱法结合液相色谱 - 串联质谱法，使用到的稳定同位素内标试剂为氘标记的孔雀石绿和隐色孔雀石绿。

2. 非法及滥用添加剂的检测

　　曾经的一段时间，不良商贩非法或滥用苏丹红、塑化剂、三聚氰胺、吊白块等工业原料制造食品，导致公众谈"添加剂"而色变，这实在是没有必要。

事实上，食品中允许合法地使用添加剂。国家标准 GB 2760—2014《食品安全国家标准 食品添加剂使用标准》中对食品添加剂的定义为："为改善食品品质和色、香、味以及为防腐、保鲜和加工工艺的需要而加入食品中的人工合成或者天然物质。"比如可口可乐，它的配料表中，除了水，其他都是合法使用的添加剂。

非法添加剂是指在食品中添加法律法规上明令禁止用于食品生产的物质，如塑化剂、三聚氰胺等，在食品中无论用量多少，只要使用就属于违法添加；滥用添加剂是指对食品中允许使用的食品添加剂超量或超范围使用。

近些年来，非法及滥用食品添加剂而导致的食品安全事件层出不穷，如三聚氰胺奶粉事件、塑化剂风波等。我国为了规范食品添加剂的使用，制定了一系列的法律法规及标准，应用同位素稀释质谱法检测食品中痕量或微量非法及滥用添加剂的分析方法也起到了越来越重要的作用。

（1）三聚氰胺奶粉事件

2008 年，三聚氰胺奶粉事件爆发，起因是很多食用三鹿牌婴幼儿奶粉的婴幼儿被发现患有肾结石，随后在其奶粉中发现化工原料三聚氰胺。该事件引起各国的高度关注和对乳制品安全的担忧，也重创了中国制造商品信誉，多个国家禁止了中国乳制品进口，可以说对中国奶制品行业的打击是灾难性的。

在事件爆发之前的奶粉国家标准中，蛋白质含量是其最重要的质量指标。但是直接测量蛋白质含量技术上比较复杂，业界通常使用一种叫作"凯氏定氮法"（Kjeldahl method）的经典检测方法，通过检测氮元素的含量来间接推算蛋白质

的含量，也就是说，食品中氮元素含量越高，则认为蛋白质含量就越高。这样一来，原本名不见经传的三聚氰胺由于其分子中含氮量较高，于是就派上"大用场"了。三聚氰胺俗称"蛋白精"，它的含氮量高达 66%。据估算，要使奶粉中蛋白质指标增加 1 个百分点，用三聚氰胺的成本只有蛋白胨等真实原料成本的 1/5，利益的驱动和检测方法的局限，导致向奶粉中添加三聚氰胺成了行业"潜规则"。

市面上常规的凯氏定氮仪

三聚氰胺事件爆发后，国务院启动国家安全事故Ⅰ级响应机制（"Ⅰ级"为最高级，指"特别重大食品安全事故"）处置三鹿奶粉污染事件，对于奶粉的检测重点也转向对有害物质的检测，但同时又不能将奶粉中的有益物质误检为有害物质。同位素稀释质谱法正好可以解决这个问题，用稳定同位素 ^{15}N 或者 ^{13}C 标记三聚氰胺和三聚氰酸作为同位素内标，采用色质联用仪进行检测，可以更准确地检测出奶粉中的三聚氰胺。我国进出口行业标准 SN/T 3032—2011《出口食品中三聚氰胺和三聚氰酸检测方法　液相色谱－质谱/质谱法》也推荐使用该方法：分别以稳定同位素 ^{13}C 标记三聚氰胺和三聚氰酸为内标，采用液相色谱－质谱法测定奶粉中三聚氰胺和三聚氰酸，检测限分别为 50μg/kg 和 100μg/kg。与其他方法相比，该方法分析过程简单快捷、回收率好、灵敏度高，适合对动物源性食品、植物源性食品、乳与乳制品中的三聚氰胺和三聚氰酸残留同时提取、测定，可满足目前对三聚氰胺和三聚氰酸快速、高通量测定的要求。

（2）假"红心蛋"中苏丹红的检测

鸭蛋"红心"是自然现象，一般自然放养的鸭子产的蛋是红心蛋，但只占鸭蛋中很少的一部分，是制作咸鸭蛋的上品。不法商贩为了使鸭蛋"红心"以售卖高价，在鸭子喂养过程中，非法在饲料中添加苏丹红。

苏丹红是人工合成的偶氮类染料，主要应用于油彩、汽油等产品的染色。国际癌症研究机构（IARC）将苏丹红归为第三类致癌物质，包括我国在内的大多数国家和地区都禁止将苏丹红用于食品加工过程中。

测定食品中苏丹红的方法有液相色谱法和液相色谱－质谱联用法，由于含苏丹红的食品多为鸭蛋、辣椒粉、调味料等，成分复杂，因此采用液相色谱法常会出现假阳性的结果，而液相色谱－质谱联用法也会因基质复杂而影响检测的准确度。利用稳定同位素作为内标的同位素稀释质谱法能够克服液相色谱－质谱法中的基质效应，同时还能够抵消样品在检测前处理过程中造成的损失，从而大大提高检测的准确度。例如，以稳定同位素氘标记的苏丹红作为内标试剂，采用液相色谱－质谱法检测食品中的苏丹红，检测限可以达到 1μg/kg，这种方法适用于鸭蛋、辣椒粉、辣椒油、辣白菜等复杂样品中低含量苏丹红的检测。

（3）"谈塑色变"中塑化剂的痕量检测

2011 年 5 月，媒体曝光中国台湾地区多家企业产品受塑化剂污染，涉及的产品有：运动饮料、果汁饮料、茶饮料、果酱、果浆或果冻等。这场非法添加剂酿成的食品安全危机，引起了社会对塑化剂的广泛关注。

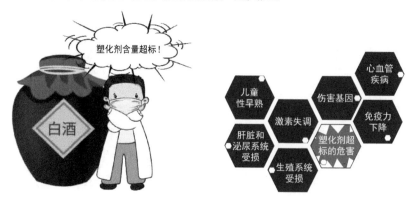

2012 年 11 月，国内某知名白酒中塑化剂含量超标高达 260% 的消息曝光，酒中共检测出 3 种塑化剂成分，分别为邻苯二甲酸二（2- 乙基）己酯（DEHP）、邻苯二甲酸二异丁酯（DIBP）和邻苯二甲酸二丁酯（DBP），原因主要为生产过程所使用的塑料管道含有塑化剂，迁移至酒中所致。随后，饮料、方便食品以及药物中不断被曝出塑化剂超标后，塑化剂的杀伤力让很多人谈"塑"色变。

中华人民共和国国家标准

GB 5009.271—2016

食品安全国家标准
食品中邻苯二甲酸酯的测定

事件中的塑化剂是邻苯二甲酸酯类（phthalic acid ester，PAE，别名酞酸酯）化合物，可增加聚合物材料的延展性和柔韧性，改善加工性能，提高塑料制品的强度。但它同时也是一种环境激素，被确认为第四类毒性化学物质，不得添加在食品里。

我国和美国、欧盟、日本等国家和地区都将塑化剂列入重点控制的污染物。我国关于塑化剂最大残留量的规定为：白酒和其他蒸馏酒中 DEHP 和 DBP 的含量，分别不高于 5 mg/kg 和 1 mg/kg。

同位素稀释质谱法同样也是检测食品中微量和痕量塑化剂残留的首选方法。国家卫计委和食品药品监督管理总局于 2016 年联合发布了 GB 5009.271—2016《食品安全国家标准 食品中邻苯二甲酸酯的测定》，标准中规定了食品中 16 种邻苯二甲酸酯类物质含量的气相色谱 - 质谱联用（GC-MS）的测定方法。该标准中采用了 16 种稳定同位素氘标记邻苯二甲酸酯作为内标试剂，利用同位素稀释质谱法检测 16 种塑化剂的残留，邻苯二甲酸二正丁酯（DBP）定量限为 0.3mg/kg，除 DBP 外其他 15 种邻苯二甲酸酯定量限均为 0.5 mg/kg。

3. "揪出"食品中隐藏的生物毒素

人们对发霉的食物有很高的判断力，但黄曲霉毒素、玉米赤霉烯酮、呕吐毒素、伏马毒素等毒素在食物中悄悄隐藏，肉眼很难判断食物是否被污染，摄入的食物经过烹煮、高温真的可放心食用？

迄今发现毒性和致癌性最强的天然污染物

黄曲霉毒素

事实并非如此。以黄曲霉毒素为例，它毒性大、耐高温，无论蒸煮油炸均不易降解，国际癌症研究机构（IARC）将其归为Ⅰ类致癌物，远远高于氰化物、砷化物和有机农药的毒性，是迄今为止发现的毒性和致癌性最强的天然污染物。

在发霉的花生玉米、变质的米饭、发苦的坚果、没洗干净的筷子、劣质芝麻酱、小作坊自榨油等物质中经常会出现黄曲霉毒素，比如有的花生外表正常，但内部已出现黄曲霉毒素。由于这类毒素在食品中的含量较低且危害较大，采用同位素稀释质谱法的检测技术越来越受到食品安全监管部门的青睐。

据联合国粮农组织统计，全球每年约有25%的农产品受到真菌毒素污染，每年粮食及食品损失达到10亿吨。根据中国工程院重大咨询研究项目《中国食品安全现状、问题及对策战略研究》发布的数据显示，中国每年有3100万吨粮食在生产、储存、运输过程中被真菌毒素污染，约占粮食年总产量的6.2%。在2015年新修订的《食品安全法》中，就首次将生物毒素明确列入重点

关注的污染物质中。食品中的生物毒素怎么检测的呢？生物毒素具有结构复杂、分布广、毒性强、生物学功能特殊，且不易解毒等特性，根据此特性，目前主流的检测方法主要包括以稳定同位素D（^{2}H）、^{13}C、^{15}N标记试剂作为内标的同位素稀释质谱法、薄层分析法、高效液相色谱法、核酸适配体法、生物传感器法和免疫分析法。

薄层分析法成本低、操作显色方便直观，但是专一性差且灵敏度低；免疫分析法操作简单、快速且成本低，多用于快速筛查；生物传感器法和核酸适配体法具有高通量、高精确度等优点，主要用于快速筛查和定量分析；高效液相色谱法灵敏度和准确度都比较高，且重复性好、检测限低，但是前处理烦琐。同位素稀释质谱法是目前检测食品中生物毒素含量的常

用方法，这种检测方法快速、灵敏度高、准确度高、重复性好、检测限低，最主要的优点是可以同时检测多种生物毒素。

美国、欧盟、澳大利亚、日本等国家和地区，均对食品中的真菌毒素进行了限量。2017年，由国家卫生和计划生育委员会、国家食品药品监督管理总局联合发布并实施的国家标准 GB 2761—2017《食品安全国家标准　食品中真菌毒素限量》，规定了食品中黄曲霉毒素 B1、黄曲霉毒素 M1、脱氧雪腐镰刀菌烯醇、展青霉素、赭曲霉毒素 A 及玉米赤霉烯酮的限量指标。

我国食品安全国家标准 GB 5009 系列也对食品中黄曲霉毒素 B 族和 G 族、伏马毒素、赭曲霉毒素 A 等毒素的测定提出技术要求。标准中采用稳定同位素 ^{13}C 标记黄曲霉毒素、杂色曲霉素、脱氧雪腐镰刀菌烯醇、展青霉素、伏马毒素作为同位素内标试剂，利用同位素稀释液相色谱 – 串联质谱法，检测食品中真菌毒素的含量，更加印证了稳定同位素技术在真菌毒素检测领域举足轻重的地位！

标准名称	检测方法	最低检出限 / (μg/kg)	同位素内标
GB 5009.22—2016《食品安全国家标准　食品中黄曲霉毒素 B 族和 G 族的测定》	同位素稀释液相色谱 – 串联质谱法	0.03	^{13}C$_{17}$– 黄曲霉毒素 B1 ^{13}C$_{17}$– 黄曲霉毒素 B2 ^{13}C$_{17}$– 黄曲霉毒素 G1 ^{13}C$_{17}$– 黄曲霉毒素 G2
GB 5009.24—2016《食品安全国家标准　食品中黄曲霉毒素 M 族的测定 》	同位素稀释液相色谱 – 串联质谱法	0.005	^{13}C$_{17}$– 黄曲霉毒素 M1
GB 5009.25—2016《食品安全国家标准　食品中杂色曲霉素的测定》	同位素稀释液相色谱 – 串联质谱法	0.6	^{13}C$_{18}$– 杂色曲霉素
GB 5009.111—2016《食品安全国家标准　食品中脱氧雪腐镰刀菌烯醇及其乙酰化衍生物的测定》	同位素稀释液相色谱 – 串联质谱法	10	^{13}C$_{15}$– 脱氧雪腐镰刀菌烯醇 ^{13}C$_{17}$-3- 乙酰脱氧雪腐镰刀菌烯醇
GB 5009.185—2016《食品安全国家标准　食品中展青霉素的测定》	同位素稀释液相色谱 – 串联质谱法	1.5	^{13}C$_{7}$– 展青霉素
GB 5009.240—2016《食品安全国家标准　食品中伏马毒素的测定》	同位素稀释液相色谱 – 串联质谱法	3	^{13}C$_{34}$– 伏马毒素 B1 ^{13}C$_{34}$– 伏马毒素 B2 ^{13}C$_{34}$– 伏马毒素 B3

神奇的
稳定同位素

食品安全连着亿万家庭，是重大的民生问题。随着《中华人民共和国食品安全法》的颁布并实施，近年来我国食品安全整体形势呈现稳中向好的发展态势，但公众对中国食品安全的信心仍有待提高。食品安全的三大顽疾——微生物污染、超范围超限量使用食品添加剂、农兽药残留超标依旧存在。以稳定同位素标记试剂作为内标的同位素稀释质谱法，因其快速、灵敏、准确，以及可有效地消除样品处理过程中元素的损失和测定过程的基体效应等优点，在食品微量、痕量有害物质的检测中发挥着越来越重要的作用。

第二节　从吃得安全到吃得健康

随着人们生活水平的提高，食物的品种丰富多样起来，人们对食品的要求也从吃得安全转变到了吃得健康，如食物过敏原检测、食用油脂中有害物质的辨别、食物中风味物质的筛查等。以稳定同位素标记试剂作为内标试剂的同位素稀释质谱法，作为一种新兴的检测方法，在食品安全公共卫生领域起到了越来越重要的作用。

1. 食物过敏原检测的利器

食物过敏，是人体的免疫系统对某一特定食物产生的一种不正常的免疫反应。过敏者会将正常无害的物质误认为有害，从而产生抗体及不良反应。食物中能引起过敏的物质，叫作过敏原，也可以叫作抗原。

目前，西方国家成人食物过敏患病率接近 5%，儿童接近 8%，以美国为例，每 13 个孩子中就有 1 个对食物过敏，每隔 3 分钟就会出现一例食物过敏反应急救病例。我国食物过敏患病率排第 1 位的是鸡蛋过敏，鸡蛋过敏患病率达 3% ~ 4%，远超西方国家 1% ~ 1.6% 的患病率。牛奶排第 2 位，婴幼儿最易产生过敏反应，一般来说牛奶过敏患病率是 0 ~ 3 岁 >4 ~ 17 岁 > 成人。由于过敏性疾病近年来逐年增加，食物过敏对于大众健康的影响逐步受到重视，已成为全球关注的公共卫生问题之一。

怎样检测食物中的"过敏原"？

目前，食物过敏原分析方法主要有酶联免疫（ELISA）法、聚合酶链式反应（PCR）法和液相色谱－质谱（LC-MS）法。基于同位素稀释质谱法的液相色谱－质谱法具有检测特异性高、测定结果准确、可同时测定多种过敏原的特点，且不受高温高压等加工条件的影响，是食物过敏原检测的一种新兴的技术。

那么，基于同位素稀释质谱法的液相色谱－质谱法是怎么检测食物的过敏原的呢？它的原理是通过检测不同食物中的特征性肽段，来准确鉴定食物的组成成分，同时还可以对食物中多种过敏原蛋白进行同时定量。这里面所提到的特征性肽段就是过敏原蛋白质中所特有的肽段，同时要具备容易被质谱系统检测、性质稳定且长度为 6~12 个氨基酸的特点。

在选好了特征肽后，作为质谱准确检测的"黄金搭档"——稳定同位素标记的内标物就该亮相了，也就是由 ^{13}C、^{15}N 或 D 这些原子标记的特征肽。由于同位素标记的特征肽与我们的目标肽具有几乎完全相同的物理化学性质、色谱性能以及质谱电离效率，这样就能够保证在组成复杂的食品中，准确地检测出过敏原目标蛋白的含量。

以乳制品中过敏原 β- 乳球蛋白的检测为例，我们来看看稳定同位素标记的特征肽是怎么发挥"标尺"作用的。

乳品的组成复杂，除了我们要检测的过敏原 β- 乳球蛋白外，还包含酪蛋白、糖类、脂类等物质，这些物质的存

过敏原：β-乳球蛋白

在都会对 β- 乳球蛋白的检测造成影响。所以，我们在对乳品中的 β- 乳球蛋白进行检测时，首先要通过一系列的前处理将乳品中的大部分干扰物质去除，但尽管如此，乳品基质中的干扰因素还是很多。那么如何来保证检测结果的准确性呢？如何来确定待测乳品中到底有多少 β- 乳球蛋白呢？到底有没有超过限量呢？

稳定同位素内标的出现就很好地解决了这个"检测时受到多少干扰"的问题。在乳品通过必要的前处理后，需要通过胰蛋白酶对乳品中的 β- 乳球蛋白进行酶切；再将酶切后的样品与标记的特征肽段一同进入质谱中进行检测。这个由稳定同位素标记的特征肽段则作为"标尺"，通过它来解决在高灵敏度的质谱上"受到多少干扰"的问题。稳定同位素内标在这个质谱检测阶段可以作为一个完美的"标尺"，可以校正样品中 β- 乳球蛋白被基质干扰而变化的信号强度。

与本章第一节相似，食物中过敏原的准确检测也是使用"同位素稀释质谱法"，这个方法的核心就是稳定同位素内标——同位素标记的特征肽，有了这个"标尺"的存在，保证了食物中过敏原的检测结果准确可靠。此外，食品的组成复杂，可能同时存在多种过敏原，那上面介绍的这种液相色谱 - 串联质谱法（LC-MS/MS）配合多种过敏原的同位素标记肽段，就可以实现多种过敏原的同时准确测定。

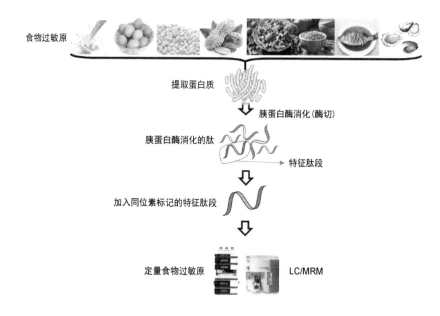

食物过敏原

提取蛋白质

胰蛋白酶消化 (酶切)

胰蛋白酶消化的肽 —— 特征肽段

加入同位素标记的特征肽段

定量食物过敏原　　　LC/MRM

目前，食物过敏逐渐成为食品安全和公共卫生应急的突出问题之一。虽然食物过敏原只影响一小部分的人群，但对这类特定人群所产生的潜在性威胁是不容忽视的。可靠的过敏原检测方法，并配合食物过敏原标识与标签是避免食物过敏的有效方法。

我国的国家标准 GB/T 38163—2019《常见过敏蛋白的测定 液相色谱－串联质谱法》规定了固态食品中牛奶、鸡蛋、大豆、花生、榛子、杏仁和核桃过敏蛋白的液相色谱－串联质谱检测方法，适用于含小麦粉、燕麦粉、腰果、可可粉等固态食品基质中牛奶、鸡蛋、大豆、花生、榛子、杏仁和核桃过敏蛋白的液相色谱－串联质谱测定和确证。

预防食物过敏唯一有效的方法是避免食用含有过敏原的食物。采用同位素稀释质谱法准确测定各类食品中的过敏原后，再按照相关法律和法规在食物外包装上准确标示该食物中含有的主要过敏成分及其含量，提示消费者致敏物质的存在，从而避免发生过敏，这也是目前国际上通用的做法（食物过敏原标识与标签制度），我国的 GB 7718—2011《食品安全国家标准　预包装食品标签通则》对此作出了规定。

2. 食用油脂中有害物质的辨别

食用油是人们日常膳食必需营养物质之一，在人们的饮食中占有重要地位。

随着我国人民生活水平的提高，人们对食用油的品质和安全性要求也在逐步提高。国家食品药品监督管理总局在 2017 年发布的《食品安全风险解析》中指出：避免过量摄入氯丙醇酯和缩水甘油酯。如何辨别食用油脂中的氯丙醇酯和缩水甘油酯，也成为相关国际组织和科研机构的研究热点之一。我国现行有效的国家标准 GB 5009.191—2016、国际 ISO 18363 系列标准以及美国分析化学家协会 AOAC Official method 2000.01 中均采用同位素稀释质谱法对食品中氯丙醇酯和缩水甘油酯进行定量分析。

那么，什么是氯丙醇酯和缩水甘油酯？它们有什么危害呢？

氯丙醇酯是氯丙醇类化合物与脂肪酸的酯化产物，而氯丙醇类化合物是一种人们公认的在食品加工过程中产生的污染物。按照氯丙醇种类的不同分为 3- 氯丙醇酯（3-MCPD 酯）、2- 氯 -1,3- 丙二醇酯（2-MCPD 酯）、1,3- 二氯 -2- 丙醇酯（1,3-DCP 酯）和 2,3- 二氯 -2- 丙醇酯（2,3-DCP 酯）；缩水甘油酯是脂肪酸与缩水甘油的酯化产物，它与氯丙醇酯是一对孪生兄弟，形成机理相似。在油脂精炼过程中，缩水甘油酯通常会伴随 3- 氯丙醇酯一起形成，3- 氯丙醇酯含量高，缩水甘油酯含量也高。其中，3- 氯丙醇（3-MCPD）及其酯是氯丙醇类化合物中毒性最强的，也是在食用油中检出量较高的，具有强致癌性、遗传毒性和肾脏毒性，常被作为氯丙醇类物质的检测参照物，反映食品加工中氯丙醇类物质的污染状况。

美国、欧盟、韩国等国家或地区对食品中 3-MCPD 及其酯的含量有着严格的限值要求，由此带来的产品召回事件也屡次发生，如 2016 年韩国召回了 3-MCPD 超标的酱油，直接经济损失巨大。

因此，建立一种可准确测定食品中 3-MCPD 及其酯化物含量的检测方法，对于人类健康、食品安全、打破贸易壁垒就显得至关重要。稳定同位素稀释质谱法作为微量、痕量、超痕量化合物检测的"金标准"，在检测食品中 3-MCPD 及其酯化物时有着无可比拟的优势。

稳定同位素氘标记的 3-MCPD 内标物的加入可以显著提高食品中 3-MCPD 及其酯化物含量检测的准确性。采用稳定同位素内标试剂 3-MCPD-D_5 和 pp-3-MCPD-D_5，可分别准确检测食品中 3- 氯丙醇和 3- 氯 -1,2- 丙二醇棕榈酸双酯。

3. 食物中挥发性风味物质的检测

风味是食品的独特香气和口味的总称，准确获得风味物质的种类和含量不仅在感官上具有较强的作用，而且在食品的营养功能和保健方面具有很重要的意义。

然而，挥发性风味物质的含量不易准确获得，这是因为在进行检测的各种处理过程中目标物容易挥发，食物的组成复杂，从而造成了检测结果的不准确。稳定同位素稀释质谱法又一次发挥了重要的作用，通过在食品检测中添加稳定同位素标记的挥发性有机物，可以抵消目标物在食品样品处理过程中的损失量，大大提高检测的准确性。目前，利用同位素稀释质谱法准确测定食品中挥发性风味物质的技术仅由美国、德国等发达国家掌握，这主要受制于稳定同位素试剂的制备技术，随着我国稳定同位素制备技术的发展，相信很快能在挥发性风味物质检测中得到普及。

第三节　从吃得好到吃得真

食品真实性对人类的健康和国家经济有着重要的影响，随着人们生活水平的不断提高，人们不仅只注重食品安全，更关注食品的真实性。一些不法商家在经济利益驱动下，采用造假和掺杂的手段，降低食品品质。从产地到消费者的任何环节都可能发生这类造假行为，并且往往十分隐蔽。近年来，确保食品的真实性已成为全球性的重要问题。

然而，传统的食品主要成分含量测定已经不能满足食品真伪鉴定的需要，如蜂蜜中添加蔗糖、果汁中添加玉米糖浆、利用食用酒精勾兑粮食酒等掺假行为，一般的理化分析手段亟待提高。稳定同位素技术通过检测食品中同

位素比值的千分差 $\delta^{13}C$、$\delta^{15}N$、$\delta^{18}O$ 和 δD 值❶来判别食品的真实属性，以其灵敏度高、精准度高、检测限低等特点，逐渐受到国内外研究者的青睐。

1. 辨识真假的"火眼金睛"

食品掺假是指向食品非法掺入物理性状或形态与该食品相似的物质，比如欧洲马肉充当牛肉食品；蜂蜜中掺入玉米、甘蔗等植物糖；葡萄酒和白酒是粮食酿造的还是工业或食用酒精勾兑出来的？掺假一般是质量问题，假的牛肉还是肉，假的蜂蜜还是糖，假的酒也还是酒。在食品生产、运输和销售的各个环节都可能出现掺假情况，因此它严重威胁着食品供应链的安全，虽然食品掺假并不一定带来食品安全问题，但依然会让消费者利益受损，破坏整个国家的食品消费信心，影响国民经济发展，甚至可以直接损害国家形象。

蜂蜜是蜜蜂从开花植物的花蕊中采得的花蜜在蜂巢中经过充分酿造而成的天然甜物质。

蜂蜜富含多种营养物质，风味独特，具有一定的保健作用，是国内消费和出口贸易的重要农产品之一，深受消费者喜爱。

我国是蜂蜜生产大国，我国国家标准 GB/T 18796—2012《蜂蜜》中规定，不得在蜂蜜中添加任何当前明确或不明确的添加物。如果食用过多假蜂蜜，会对人的身体健康造成一定危害。健康又美味的蜂蜜，吸引着许多消费者购买，同时也让许多不法分子乘虚而入，将掺假蜂蜜包装成天然蜂蜜，欺骗消费者。

一般民间的鉴别方法有看颜色、看结晶、看沉淀等，但随着蜂蜜造假手段越来越高明，检测技术也在不断进步。

---

❶ δ 值：用于描述同位素丰度微小变化的量。通常以它与某一物质的同位素比值的千分差（δ‰）来表示，计算公式为 $\delta = (R_{样品}/R_{标准品} - 1) \times 1000$‰。

第一代造假：蜂蜜含有葡萄糖、果糖等多种糖，几乎所有的蜜源植物都属于碳 -3（C3）植物❶。既然蜂蜜含有果糖，往蜂蜜里面加入价格相对便宜且含有果糖的玉米糖浆等糖类物质就成为造假手段，玉米糖浆加入蜂蜜后不影响外观和口感，且常规检测手段不易发现，而玉米属于 C4植物❷。对于这一类掺假，我国于2002年颁布了

蜂蜜中 C4 植物糖含量的稳定碳同位素比值测定方法（GB/T 18932.1—2002），原理就是基于 C3 植物与 C4 植物中碳同位素比值的差异来进行辨识。

第二代造假：随着科学技术的发展，掺假技术也在不断地更新。俗话说"道高一尺，魔高一丈"，既然向蜂蜜中掺入 C4 植物的糖浆，利用稳定同位素比质谱法可以轻松地被发现，那么掺入同样是 C3 植物糖浆，是否就可以在这一先进的检测技术面前蒙混过关了呢？

大米糖浆是 C3 植物中较为便宜的糖浆，这种掺假方式也一度给如何辨识蜂蜜是否掺假带来了一个新的难题。针对向蜂蜜中掺入 C3 植物糖浆这一造假手段，稳定同位素技术也可以轻松解决：利用蜂蜜中的果糖、二糖、三糖、葡萄糖、寡糖的碳同位素比值相差不大，一旦掺入了 C3 植物的糖，将导致蜂蜜中某类糖的碳同位素比值产生变化来辨识，该方法已被欧盟联合研究中心作为判定蜂蜜真假的重要技术手段。

2. 巧辨有机食品

在琳琅满目的农副产品中如何区分有机食品？联合国粮农组织和世界卫生组织食品法典委员会将不使用农药、化肥、生长调节剂、抗生素、转基因技术的食品统称为有机食品（organic food），也可称为"生态食品"。

有机食品通常被认为是更健康、更安全、更环保而拥有较高市场价格的食品。因此，有机食品掺假等以经济利润为目的的欺诈活动时有出现。消费者对有机食品日益增加的需求对有机食品的检验和认证程序提出了更高的要求，同时也促进了有机食品确证精密检测技术的发展。

---

❶ C3植物是指 CO_2 同化的最初产物是光合碳循环中的三碳化合物 3-磷酸甘油酸的植物，如槐树、小麦、大豆、烟草、棉花等。
❷ C4植物是指 CO_2 同化的最初产物是四碳化合物苹果酸或天门冬氨酸的植物，如玉米、甘蔗、高粱等。

有机食品的辨别主要是基于有机食品在稳定同位素比值（δ^{13}C、δ^{15}N、δ^{18}O 和 δD）上存在一定的差异。这种差异主要是由于化学合成农药、化肥等外部因素引起，植物吸收这些物质后改变了原有的稳定同位素比值，而稳定同位素比值是食品的一种固有属性，不会因为清洗、更换标签等手段而消失。

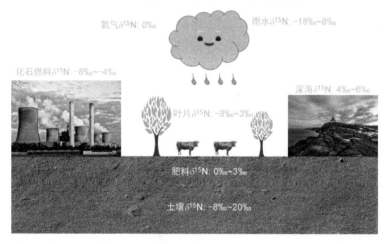

同种来源氮的 δ^{15}N 是相近的，化石燃料、氮肥、土壤中含氮微生物、空气中的氮气、降雨中含氮无机物、农家肥等氮源具有不同的 δ^{15}N，植物体通过吸收不同来源的氮肥之后其 δ^{15}N 也会发生相应变化，形成具有环境特点的同位素比值，我们称其为特征指纹。利用稳定同位素检测技术可以有效识别这类差异，在琳琅满目的农副产品中保证有机食品的诚信，为有机食品未来在全世界范围内的发展提供技术支持。

3. 敢问高端美食何处来

食品溯源是健康中国 2030 战略的重要组成部分，通过完善健全的食品溯源体系，做到让老百姓买得放心，吃得安心。

随着中国经济的快速发展，对于消费者来说，不出国门就可以吃遍全球。网上海外购的方式让消费者随时可购买日本金枪鱼、美国牛肉、法国葡萄酒、挪威三文鱼等，这些商品是否真的来自当地？通过稳定同位素指纹图谱技术，就可以揭秘这些美食"正宗"还是"不正宗"，以及"原产地美食"的真真假假。稳定同位素指纹图谱技术是食品溯源的技术之一。

稳定同位素指纹图谱技术：生物体内稳定同位素因所处的环境、土壤、气候、纬度及饲料种类等因素的影响发生自然分馏效应，导致生物体内某种元素的同位素比值（$\delta^{13}C$、$\delta^{15}N$、$\delta^{18}O$ 和 δD）产生变化。不同地域的生物体中同位素比值存在一定的自然差异，而这种自然差异能够携带环境因子的信息，反映出生物体所处的地域环境，利用这一技术就可以实现食品的产地溯源。

例如影视剧中经常出现"来一瓶 82 年的拉菲"，是指 1982 年法国波尔多拉菲古堡酒庄出品的红酒，因为拉菲是法国红酒的代表，而 1982 年是难得的好年份。那年的气候条件绝佳，使得葡萄的质量非常好，所以该年份葡萄酒在全世界葡萄酒收藏者中得到一致好评。有人说，拉菲每年产量在 40 万瓶左右，但拉菲十年的产量，都赶不上在中国一年的销量。到底是怎么回事呢？这是由于不法商贩把其他酒庄和产地的葡萄酒也贴上了拉菲的标签。

那么如何鉴定葡萄酒的产地呢？每一款葡萄酒的口感都不同，那是因为口感与葡萄酒产地有关，不同产地葡萄酒由于其独特的酿造方式和葡萄品种的差异，导致挥发性成分乙醇、丙三醇、乳酸乙酯、2-甲基丁醇、乙酸的碳稳定同位素比值存在一定的差异，挥发性成分 $\delta^{13}C$ 稳定同位素比值可作为产地溯源的指标。也就是说，利用稳定同位素比质谱法，通过 $\delta^{13}C$ 稳定同位素指纹图谱技术，我们可以轻松地鉴别一瓶葡萄酒是不是来自波尔多拉菲酒庄。

那么，用什么方法可以鉴别葡萄酒的年份呢？20 世纪 50 年代和 60 年代的原子弹爆炸试验，将放射性同位素 ^{14}C 喷射到大气中，^{14}C 被植物和其他生物吸收，并在生物死亡后开始衰变。因此，在收获葡萄并酿制成的葡萄酒中可以发现大量的 ^{14}C。^{14}C 以已知的速度衰变，通过测定葡萄酒中的 ^{14}C 含量并与计算得到的 ^{14}C 衰变值相比较，就可以确定物质是否在核时代开始后生产，以及这个时代是否与标签上的日期相符。这个 ^{14}C 同位素的衰变就是"年代标签"，利用 ^{14}C 的这个年代标签，就可以轻松地鉴别葡萄酒的年份。

4. 矿泉水水源产地大揭秘

随着人们生活水平逐渐提高，瓶装水所占市场份额逐年增大。除了品牌效应、广告宣传等因素外，水源地的矿物元素和营养成分是影响矿泉水价格的最重要因素。

但随着近年来市场标签欺诈问题的出现，瓶装水市场的真实性也备受重视。比如，普通瓶装水很便宜，而冰川矿泉水则很贵，如果不法商家以普通矿泉水冒

充冰川矿泉水，采用一般化学方法是很难检测出来的。如果采用稳定同位素技术进行检测，就可以很容易地区分开来。

我们都知道，每一个水分子（H_2O）都是由两个氢（H）原子和一个氧（O）原子组成，但它们并非完全相同：有些原子的轻同位素较多，有些则是重同位素较多。这是因为在海水蒸发过程中，具有较轻同位素的分子往往优先上升，形成具有特定同位素特征的云层。这些云层混合了上升的水分子，水分子以雨的形式降落；具有较重同位素的水分子优先落下。随后，云层失去这些较重同位素，并进一步向内陆移动，较轻同位素以更大比例落下。水落到地上，充满湖泊、河流和含水层。因此，每个地区的水源具有不同的稳定同位素组成，通过测量这些水体中重同位素与轻同位素的比值 δD 和 $\delta^{18}O$，科学家可以破译水的来源和运动。

利用稳定同位素技术进行瓶装水水源辨析，是进行市场监管和水源鉴定的有效手段。自然界中水的 δ^2H 和 $\delta^{18}O$ 是水文循环过程中的重要示踪剂，也是判别矿泉水水源地的重要依据。通过测定矿泉水中的 δ^2H 和 $\delta^{18}O$，再结合全球降水同位素网络（GNIP）[1]，就可以实现矿泉水水源地的快速甄别。

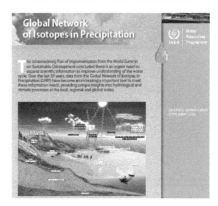

稳定同位素检测技术是国际上用于识别食品真实性的一种有效工具，在食品真实性和产地鉴别等方面有着明显的优越性，不仅要让老百姓吃得真，而且还要"较真"，为健康中国的建设提供技术保障。

食源安全问题不仅与广大人民群众的健康息息相关，同时对国家安全、经济发展、社会稳定有着重大影响。稳定同位素技术近年来进步较大，应用越来越广泛。基于稳定同位素的溯源技术对于确保动物源食品的安全，杜绝地理标志保护产品的掺杂掺假具有不可替代的重要作用。利用稳定同位素内标试剂结合同位素稀释质谱法检测痕量、超痕量有毒有害物质的技术越来越广泛地得到应用，随着稳定同位素技术的发展，相关理论不断完善，其必将在食品安全领域成为至关重要的应用技术之一。

---

❶ GNIP 是全球降水中氢和氧的同位素监测网，由国际原子能机构和世界气象组织于 1960 年发起，在成员国众多伙伴机构的合作下运行，可通过 WISER 网络门户访问。

参考文献

[1] IAEA Water Resources Programme. Global Network of Isotopes in Precipitation（GNIP）. http：//www-naweb.iaea.org/napc/ih/IHS_resources_gnip.html.

[2] 迈克·约赫曼，托尔斯滕·施密特. 特定化合物稳定同位素分析[M]. 冒德寿，等译. 北京：科学出版社，2018.

[3] FDA. Food Allergen Labeling and Consumer Protection Act of 2004（FALCPA）. https：//www.fda.gov/food.

[4] FDA. Food Safety Modernization Act（FSMA）. https：//www.fda.gov/food.

[5] 曹亚澄，张金波，等. 稳定同位素示踪技术与质谱分析——在土壤、生态、环境研究中的应用[M]. 北京：科学出版社，2018.

[6] 日本分析化学会标识溯源分析. 食品溯源与识别分析技术[M]. 袁玉伟，主译. 北京：化学工业出版社，2018.

[7] 旭日干，庞国芳. 中国食品安全现状. 问题及对策战略研究[M]. 北京：科学出版社，2015.

（负责人：雷　雯；主要编写人员：解　龙　侯　捷　徐仲杰）

第四章

生态环境的护航舰

稳定同位素技术在生态环境领域中通常是用来作为生物和非生物组分的"记录器",并且可应用于重建生态过程和追踪生态活动,如植物的有机物质中 ^{13}C 同位素记录了环境对光合作用的影响;^{15}N 同位素记录了动物的食性和营养级信息以及植物-微生物共生固氮作用的信息;D 和 ^{18}O 同位素记录了植物和动物中与水分相关的动态特征。这些 ^{13}C、^{15}N、D、^{18}O 等同位素提供的相关记录信息,可用于追踪营养物质、复合物、颗粒和有机物在不同生物圈不同组分间的动态运动过程以及协助生态与环境历史方面观念的重建。应用稳定同位素技术,解决了许多生态学、环境和地质科学中过去悬而未决的问题。

第一节 物质循环的"指纹标签"

1. 自然界的物质循环

我们知道，自然界是由许多物质组成的，如：大气、水、岩石和土壤等，这些物质中都含有碳、氮、氧、氢元素的稳定同位素。它们并不是简单地汇聚在一起，或是在空间上偶然地结合在一起，而是通过大气循环、水循环、碳循环和其他物质循环等一系列地表物质的运动和能量的交换，彼此之间发生密切的相互联系和相互作用，从而在地球表面形成了一个特殊的自然综合体。自然界中的生命体，究其根本，也是由物质和能量构成的。

物质循环过程：物质在地球上实际是不灭的，只是在生物及非生物世界中流转。简单来说，在生态系统中的物质循环过程中，通常由生产者植物把无机物转化为有机物，给消费者动物消耗；消费者产生的废弃物及生产者的残体被分解者微生物消化，又转化为无机物，返回环境，供植物重新利用。地球上无数个这样的物质循环，最终汇合成生物圈的总的物质循环。

物质循环在我们赖以生存的地球上是不可或缺的，生物体也必须依赖环境中的生活资源而得以持续发展，甚至可以这么说，如果没有物质循环，地球上的一切生命将不复存在。在现有已知的百余种元素中，生命有机体大约由 40 多种元素组成，其中碳、氢、氧、氮、硫、磷是最主要的元素，它们都来源于环境，组成了生命所需的无机物和有机物，构成生态系统中所有的生物个体和生物群落。稳定同位素 ^{13}C、^{15}N、^{18}O、D、^{34}S 作为示踪剂帮助科学家揭示了这些元素在大自然中的循环规律。

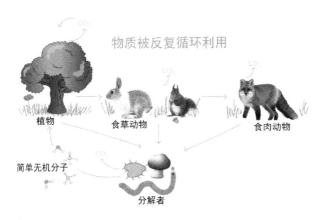

（1）氮循环

氮循环是指自然界中氮气和含氮化合物之间相互转换过程中的生态系统的物质循环过程，是生物圈内基本的物质循环之一，也是整个生物圈物质能量循环的重要组成部分，如大气中的氮经微生物等作用而进入土壤，为动植物所利用，最终又在微生物的参与下返回大气中，如此反复循环，以至无穷。稳定同位素 ^{15}N 在研究生态系统中典型的氮循环过程（固氮作用、氨化作用、硝化作用、同化作用、反硝化作用过程）中的示踪作用是无可替代的，揭示了氮在大气、水体、土壤与生物体构成的生态圈中的迁移与转化规律。

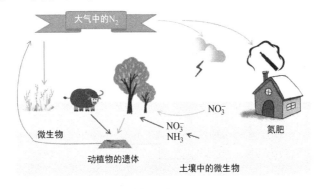

自然界氮循环

（2）碳循环

碳循环是指碳元素在地球上的生物圈、岩石圈、水圈及大气圈中交换，并随地球的运动循环不止的过程，也是整个生物圈物质能量循环的重要组成部分。

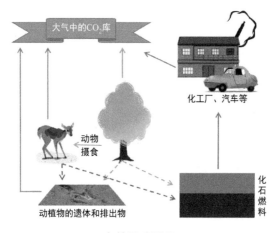

自然界碳循环

稳定同位素 ^{13}C 揭示了自然界碳循环的机理：大气中的二氧化碳（CO_2）被陆地和海洋中的植物吸收，然后通过生物或地质演变过程以及人类活动，又以二氧化碳的形式返回大气中。如此反复循环，最终达到平衡状态。

氮循环与碳循环使得自然界中生物的新陈代谢成为可能，碳氮元素通过自身化学存在形式的变化构成生物的基本骨架，并将自然界中的各种能量形式变为生物可利用和转换的形式，具有极其重要的意义。

（3）氧循环

自然界的氧循环和碳循环通常是相互联系的，主要以二氧化碳和氧气的方式进行，氧气随着生物的呼吸和物质的燃烧而减少，但随着植物的光合作用而增加，稳定同位素 ^{18}O 证实了这一周而复始的过程形成了生物圈的氧循环。

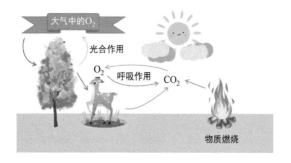

自然界氧循环

碳、氢、氧、氮、硫这几种主要的元素在自然界中都天然存在相应的稳定同位素（^{13}C、D、^{18}O、^{15}N、^{34}S），它们无处不在，贯穿于所有的生态系统物质循

环过程中，所以也就自然地存在于动植物和人体内。

元素的各种稳定同位素，其化学性质与生物性质完全相同，只是物理性质存在着微小差异，因此在自然界生态系统长期的循环过程中，各种稳定同位素的含量会发生变化，这就为人类利用稳定同位素来揭示生态系统中各种神奇变化的奥秘，探究变化产生的机理、途径和结果等带来了极大的便利，发挥着"大自然显微镜"的独特功能。

2. 物质循环的"指纹标签"——同位素

正是由于稳定同位素具有这种独特的功能，因此科学家们想到可以利用稳定同位素的这一特点作为一种"指纹标签"用来研究相关物质在自然界中的分布、迁移和转化规律。根据稳定同位素"指纹标签"的不同，我们通常把科学家们使用的研究方法分为两类：同位素自然丰度法与稳定同位素示踪法。

（1）同位素自然丰度法

这种方法利用的是元素的不同稳定同位素在自然界循环过程中由于质量差异而在各种生态圈中的含量会发生变化的原理，由于研究的是自然界中存在的各种物质中稳定同位素含量的变化，所以这种方法被称为稳定同位素自然丰度法。

同位素自然丰度：同位素的自然丰度亦称天然丰度，是指一种元素中特定同位素天然占有的总原子数百分比。如原子序数为 7 的氮元素有原子量分别为 14
与 15 的两种稳定同位素，在自然界中的占比分别为 99.635%（原子分数）与 0.365%（原子分数），这就是自然丰度。其中，质量数较小的 ^{14}N 被称为氮元素的轻同位素，质量数较大的 ^{15}N 则被称为氮元素的重同位素。

在应用稳定同位素自然丰度法研究物质循环过程时，由于元素在各种生态圈之间的自然丰度差异并不是太大，因此为了将微小的差异放大到便于比较，科学家们采用了一种新的表示方法。

首先在自然界中选定一种组成均一、性质稳定、数量较多并含有待研究元素的物质作为标准，把它的同位素比值设为基准值，将生态圈中其他物质的同位素比值与基准值之间的差值经过运算处理即可看出其中同位素组成的显著差异，这一差值通常被称为同位素比值的千分差，表述为 δ（Delta）值。

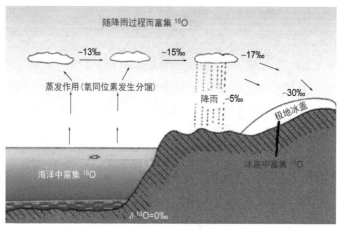

自然界 $\delta^{18}O$ 分布范围示意图

以氮元素来说，通常在生态系统氮循环研究过程时把空气中的氮气自然丰度比值定为基准值，也就是 $\delta^{15}N=0$，自然界其他物质中 $\delta^{15}N$ 的范围一般是在 $-50‰\sim+50‰$ 之间（大部分是落在 $-10‰\sim+20‰$ 的范围内）。

通过相应的仪器检测出物质的 $\delta^{15}N$ 值，就可以判断出其中所含氮元素的来源，进而推断出氮元素在自然界中的循环途径和过程。

（2）稳定同位素示踪法

这种方法则是先通过本书第一章中提到的工艺获取稳定同位素 ^{15}N 原料，进而得到各种稳定同位素 ^{15}N 标记化合物，将它们作为一种示踪剂加入自然界存在的相关物质中参与物质循环，通过追踪这些稳定同位素在生态系统中的含量变化情况，揭示生态系统中各种神奇变化的奥秘，探究变化产生的机理、途径和结果。

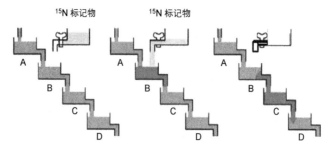

目前，同位素自然丰度法和稳定同位素示踪法已成为科学家们研究自然界各种物理、化学、生物、环境和材料等领域中诸多科学问题不可或缺的研究手段。

第二节　植物体生长的"记录器"

　　自然界中物质的循环为植物的生长提供了充分和必要的营养保障。植物的生长与阳光、水分、土壤微生物、肥料、二氧化碳气体等物质有关，这些物质通常是由碳、氢、氧、氮、硫、磷这几种主要的元素构成的，除了磷以外，它们在自然界中都天然存在相应的稳定同位素，因此，稳定同位素示踪是研究植物生长的常用技术手段。

1. 同位素与光合作用

　　目前，自然界中已知的绿色植物大约有 30 多万种，它们都可以通过吸收利用光能，将环境中的二氧化碳（CO_2）与水（H_2O）转变成相应的有机化合物，同时释放出氧气（O_2），并获得自身生长所需的能量，这就是我们所熟知的光合作用。

　　通过光合作用，遍布全球的绿色植物完成了自然界规模巨大的物质与能量转换，同时从根本上改变了地球的生态圈环境，因此光合作用可以称作是生物界最基本的物质代谢和能量代谢，它对于整个自然界都具有极其重要的意义。

人类很早就开始了对于光合作用的探究。17 世纪前，人们普遍认为植物生长所需的物质全部来源于土壤，古希腊哲学家亚里士多德（Aristotle，公元前 384—前 322）就提出了"植物是由土壤汁构成"的观点。1771 年，英国化学家约瑟夫·普利斯特里（J.Joseph Priestley，1733—1804 年）通过著名的钟罩实验发现有植物存在的密闭钟罩内蜡烛不会熄灭，老鼠也不会窒息死亡，他提出植物可以"净化"空气，因而他也被称为光合作用的发现者。

普利斯特里实验

到了 19 世纪末，通过多国科学家的努力，人类证明了光合作用的原料是空气中的 CO_2 与土壤中的 H_2O，能源来自太阳，产物是糖和 O_2。

清楚了光合作用的基本过程后，人们又产生了新的疑问。光合作用释放出的 O_2，到底是来自空气中的 CO_2？还是土壤中的 H_2O？

为了弄清楚这个问题，1939 年，美国科学家鲁宾（S.Ruben）和卡门（M.Kamen）采用稳定同位素示踪法探究光合作用氧气的来源，他们用稳定同

位素 ^{18}O 分别标记 H_2O 和 CO_2 后，使它们分别成为稳定同位素示踪剂 $H_2^{18}O$ 和 $C^{18}O_2$。这样就有 4 个原料，然后用这 4 个原料进行了如下两组实验：第一组在光照条件下向小球藻悬液提供稳定同位素示踪剂 $H_2^{18}O$ 和 CO_2；第二组在相同的光照条件下向小球藻悬液提供 H_2O 和稳定同位素示踪剂 $C^{18}O_2$。

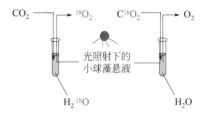

鲁宾-卡门实验

在其他条件都相同的情况下，他们利用质谱仪分析了两组实验释放的 O_2。结果表明，第一组实验释放的氧气全部是 $^{18}O_2$，第二组实验释放的氧气全部是 O_2，而第一组实验用的稳定同位素示踪剂是 $H_2^{18}O$，这说明光合作用产生的氧气全部来自水。

在此基础上，美国化学家梅尔文·埃利斯·卡尔文（Melvin Ellis Calvin）等人对光合作用的过程进行了更为详细的研究，并最终发现了植物的叶绿体如何通过光合作用把空气中的 CO_2 转化为机体内的碳水化合物的循环过程，这就是著名的植物光合作用的"卡尔文循环"。这一科学史上的伟大发现首次揭示了自然界最基本的生命过程，对生命起源的研究具有重要意义，因此卡尔文获得了 1961 年诺贝尔化学奖。

梅尔文·埃利斯·卡尔文

2. 植物生长的"印迹"

植物的生长一般是种子在适宜的条件下，首先发育生根，根部从土壤中吸收水分、养分等营养物质后，形成植物的茎和叶；再经过一定时间的营养生长，植物体的某些部位感受光照、温度等外界条件的改变，通过某些激素的诱导作用形成花朵；最终在授粉的作用下形成果实。在植物生长的每一个过程中，其体内包含的各种元素的稳定同位素都会受到环境的影响，并将"当时"所处的环境信息记录下来。

植物生长

光照、温度、水分、空气、肥料是影响植物生长的 5 个重要因素，同时也是植物生长的环境因素，它们在植物体内都会通过相关的同位素留下各自的"印迹"。其中，光照和空气中的 CO_2 影响着植物体中的稳定同位素 ^{13}C 和 ^{18}O 的丰度；水分影响着植物体中的稳定同位素 ^{18}O 和 ^2H（D）的丰度；肥料则主要影响植物体中的稳定同位素 ^{15}N 和 ^{13}C 的丰度。

利用植物与环境因子间这种关系，科学家们就可以通过植物体内相关同位素组成的变化推断出植物生长环境在过去几十年甚至上千年间的改变情况，最终重建过去的"环境档案"。

以植物体内的碳同位素来说，空气中的 CO_2 在通过光合作用进入植物叶片内部时，因为存在着同位素分馏效应，这会使得重量较轻的 $^{12}CO_2$ 更容易被植物吸收。如果外界的环境（如光照强度、CO_2 浓度、温度等）发生改变时，植物光合作用过程中的分馏效应也会随之改变，最终导致植物体内的稳定同位素 $^{13}C/^{12}C$ 值发生变化，在植物的纤维素与木质素形成的年轮中留下不可磨灭的记录，为地质、环境、水文等科学研究提供了一手资料。

从树木年轮看气候变化

科学家们利用专用的工具，从树皮钻入树心，取出一片包含全部年轮的薄片，通过稳定同位素比质谱仪（IRMS）逐轮检测其碳同位素比值（$^{13}C/^{12}C$），再通过相关的数学模型计算后就可以推演出树木生长过程中该区域每年的气候变化信息，将这些信息汇总后就可以重建出几十年甚至上百年前当地的气候条件。

第三节　精准施肥的"指示剂"

1."功德无量"的化肥

俗话说"民以食为天"，现阶段全球人口累计已达 78 亿，科学家预计，随着人口数量增长，到 2023 年全球人口将到达创纪录的 80 亿。世界人口总数的急剧增长，使人类对粮食的需求不断增加，如何在有限的土地上养活如此

众多的人口，成为世界各国政府都必须面对的现实问题。要想顺利解决人类的"吃饭问题"，必须依赖全球粮食产量的增长。在这方面，化肥的发明和使用"功不可没"。

十九世纪众多科学家开始了化肥的研究，二十世纪初德国科学家发明了把大气中氮气转化为氨的方法后，解决了氮肥大规模生产的技术问题。

二十世纪 50 年代以来，化肥得到了大规模应用。世界范围内种植作物的单产多年来保持着增长的趋势，化学肥料用量的不断增大与此有重大的关系，据联合国粮农组织 (FAO) 统计，在各种农业增产措施中，化肥的作用约占 40%~60%。化肥已成为当代农业现代化生产中提升粮食产量的主要因素之一。

2. 化肥施用多多益善？

既然肥料对农作物的增产如此重要，那么为了尽可能多地提高农作物产量，是否意味着要施加更多的肥料呢？

答案显然是否定的，农业生产中，任何营养的过量不但达不到预期的效果，还会带来诸多危害。多年来，人类通过在农业生产中不断增加化肥（主要是氮肥）的使用量，保证了全球农产品产量的提高，但氮肥的过度使用，也给全球生态系统带来了不小的压力，导致诸多生态环境问题日渐显现，并随着时间的推移而进一步加剧。

土壤酸化： 氮肥过度使用造成的土壤酸化，主要是因为氮肥在转化过程中形成的阴离子硝酸盐，在水的作用下，携带着碱性的阳离子，如钙、镁离子离开

土壤系统，从而使土壤酸度增加，引发了土壤板结、微量元素中毒、破坏土壤微生物的生存环境、养分流失等一系列问题，使土壤失去耕种价值。

土壤的酸化

水体富营养化： 氮肥施用过量，雨水将大量氮肥冲入湖泊河流中，会直接导致水生生态系统中营养元素的失衡，造成水体富营养化。某些藻类及水体植物大量繁殖，它们不断从水中获取大量的氧气，并产生硫化氢等有毒气体，使水质恶化，造成鱼类和其他水生生物大面积死亡，最终使整个水体生态环境系统走向衰亡。

水体富营养化

农产品污染： 根据国内外科学家研究，当土壤中施氮量超过一定限量，除了会造成蛋白质含量下降，还会导致硝酸盐含量急剧增加。硝酸盐积累过多，不但会使某些农产品产量降低，品质变坏，甚至会对人、畜健康构成潜在危险。

由此可见，农业生产过程中化肥施用过多不但起不到增产的效果，反而会对生态环境和人类健康带来极大的危害。我们该如何做到因土施肥、看地定量，根据各类作物需肥要求合理施用化肥呢？

3. 如何做到精准施肥

现代农业不仅要求在有限的土地资源条件下尽可能多地实现农作物产量的提

升，还要求节约资源，保护环境，实现可持续发展。因此，农业生产中化肥（主要是氮肥）的使用必须依照更高的要求：做到精准施肥，有效提升氮肥的利用效率。

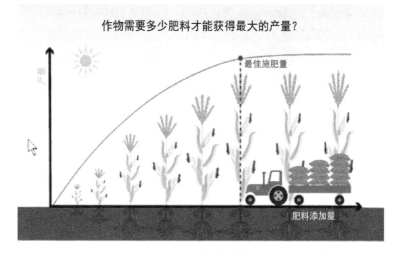

作物需要多少肥料才能获得最大的产量？

我该怎么办？

为了做到精准施肥，我们首先要对整个农业生态系统的氮循环有一个清晰的认识，在此基础上还要掌握循环过程中各环节、作物体内各部位氮素的分布、迁移及转化规律。但是，生态系统中的元素看不见也摸不着，无法用直观的手段去进行测量和研究。如何解决这一难题呢？

想要完成这项工作，科学家们必须借助最新的研究技术与测量手段，这时候就轮到稳定同位素大显身手了。

以农业领域中研究最多的氮元素为例，通常情况下，科学家们会采用同位素自然丰度法或稳定同位素示踪法，通过对生态系统氮素循环的各个环节进行取样，并利用相应的仪器进行检测，将数据代入相应的模型后就可以清晰地了解处于不同发育时期的农作物不同部位对氮的需要程度及氮素在作物体内的分配情况。得知了作物对肥料中氮素的实际利用情况，可以精确计算作物的肥料利用率，合理安排化肥施用，实现既达到农作物增产增收，又不对生态环境造成污染的目的，从而为氮肥的合理施用提供可靠的技术保障。

（1）植物体内氮的来源

国外科学家在研究过程中，通过检测发现某片草原中植物的 $\delta^{15}N$ 值远远低于

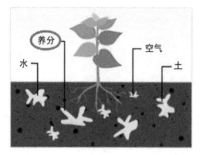

氮的来源和吸收利用途径

土壤的 $\delta^{15}N$ 值，为了了解这一现象产生的原因，他们通过实验分别收集和测定了降水、土壤、大气、肥料 4 种氮素供应体中的 ^{15}N 值，结果表明，降水中提供的氮仅满足了植物 7% 的氮素需求，土壤中供给的氮同样只能满足植物 7% 的氮素需求，大气中的氮也仅能满足植物 17% 的氮素需求，植物所需的 60% 氮来源于根、叶等组织的腐烂物形成的"肥料"，植物通过吸收腐烂组织中的氮并输送到体内各个组织而最终满足了其生长需求。上述实验通过稳定同位素 ^{15}N 的测定让科学家清晰了解了草原中植物体内氮元素的来源，并进一步推断出了氮的吸收利用途径和过程。

（2）豆科植物的固氮作用

豆科植物具有重要的经济意义，它是人类食品中淀粉、蛋白质、油和蔬菜的重要来源之一。自然界中，豆科植物可以利用空气中的氮气，通过固氮作用为植物生长提供所需要的氮素；同时豆科植物的这种生物固氮作用也是大气中的氮进入生物群落的唯一途径。我国科学家采用稳定同位素自然丰度法，研究了在盆栽条件下，提供不同的供氮条件时，大豆的生物固氮效率。

科学家们选用大豆作为实验对象，盆栽后分别施用 4 种不同浓度的尿素化肥作为外来的供氮源，同时对部分大豆接种了根瘤菌，培养一段时间后取大豆的地上部分烘干，进行了氮含量和稳定同位素 ^{15}N 的 δ 值检测。

最终发现，对大豆进行根瘤菌接种并提供一定的氮源可以显著促进大豆总氮的吸收量。但随着外界供氮量的不断升高，超过某一临界点后，大豆自身的生物固氮能力反而会受到抑制，最终降低其产量。因此对于豆科作物来说，过多施用氮肥，不仅会造成浪费，还会影响其产量，必须将施肥量控制在一个合理的范围内。

（3）水稻种植的施肥方式

为了研究水稻对于氮肥的吸收利用情况并确定最佳的施肥方式，我国科学家运用稳定同位素示踪技术开展了相关实验，他们在实验场地栽种多株水稻，以 ^{15}N 标记尿素作为氮肥进行施用，每隔一段时间用仪器对水稻的根部、茎叶、籽粒等不同部位进行氮含量和 ^{15}N 同位素丰度的检测。

通过对所得检测结果的分析后，科学家们发现，在水稻的不同生长阶段，^{15}N 同位素在不同部位的分布是不相同的，生长期主要集中在水稻的茎叶部，成熟期则主要集中于水稻籽粒中。这表明随着水稻的生长，其体内的营养物质（如氮素）会在不同部位进行动态的调节与分配。

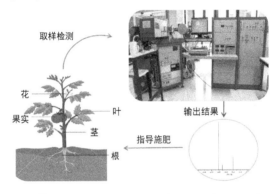

通过稳定同位素 ^{15}N 示踪实验，科学家们还发现，水稻所吸收的氮素，60%~70% 来源于土壤中的氮，30%~40% 来源于所施用的化肥，为了增加产量，必须重视提高土壤肥力。同时，稳定同位素 ^{15}N 示踪实验的数据表明，分次施肥比一次施肥，可以有效提高氮素的利用率和减少氮素的损失，有利于保护环境。

（4）粮食作物的化肥减施

我国是一个农业大国，粮食生产关系到国计民生。在大量使用化肥的基础上，我国的粮食产量实现了多年持续增长，但也带来了许多严峻的环境问题。如何在保证粮食产量的前提下尽可能地减少化肥（尤其是氮肥）的使用，已成为亟待解决的问题。为此，科学家们利用 ^{15}N 示踪技术，对我国东北玉米主产

科学合理利用肥料

区、华北小麦－玉米主产区、长江中下游水稻主产区氮肥减施、养分及农田持续高效利用的机理进行了连续 10 年的研究，最终建立了三大区域化肥减施的技术途径与模式，为国家 2030 年实现化肥零增长提供了重要的理论依据和技术支撑。

科学家们应用稳定同位素自然丰度法和稳定同位素 ^{15}N 示踪法进行农业研究，至今已有近 50 年的历史。目前，该方法早已不仅仅局限于指导精准施肥，利用稳定同位素技术这一有利的工具和方法，我们在提高氮肥利用率、研究肥料对土壤 N_2O 排放影响、新品种化肥开发等研究领域所得到的结论都已被广泛应用于日常生产中，并取得了不错的效果。

第四节　生态研究的"好帮手"

稳定同位素技术是近几十年在生态学研究领域发展起来的一门新技术，尤其在对全球范围生态变化的研究中，它与遥感技术和数据学模型被认为是三大现代技术。目前，该技术在人类研究元素地球化学循环、动植物生理、环境污染、生态保护、合理利用和生态恢复等一系列生态学问题中都得到了广泛的应用。

1. 探究光合作用后的代谢过程

自从彻底清楚了光合作用的机理后，科学家们就开始对于植物如何通过光合作用在体内形成各种有机化合物（如酸、醇、酯等）及这些化合物后续的代谢过程产生了兴趣，并利用稳定同位素开展了相关研究。我国科学家采用 ^{13}C 稳定同位素标记的原料对小硅藻的光合作用产物进行了研究，通过定期采集并分别检测

硅藻内部被 ^{13}C 标记的有机化合物含量后发现，在外界碳源充足及细胞生理功能正常的条件下，硅藻可以在体内生物酶的作用下将原料中的 ^{13}C 转化为 $^{13}CO_2$ 供自身光合作用使用，并大量转化为各种生长所需的酯类。再以 ^{13}C 标记的硅藻原料进行投喂后就可以追踪酯类在动物体内的走向，为系统阐明硅藻对生物酯类影响机制打下了代谢营养学的理论基础。

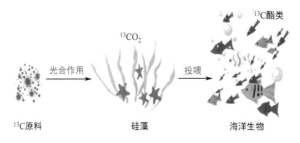

2. 跟踪稻田土壤中的反硝化作用

稻田土壤中存在的反硝化作用❶被普遍地视为农田土壤氮素损失的重要途径之一，这一现象通常是由土壤中存在着厌氧微生物而引起的。为了了解在稻田水中有溶解氧（O_2）存在的条件下微生物进行反硝化作用的程度及反硝

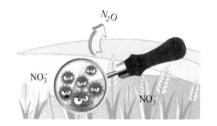

化作用对稻田土壤氮素损失的影响程度，我国科学家利用稳定同位素 ^{15}N 标记的化合物进行了相关实验研究。

通过检测反硝化作用 $^{15}N_2O$ 气体的产生量与土壤中残余 ^{15}N 氮素的质量后发现，在稻田水中有溶解 O_2 存在的条件下，微生物仍然能进行反硝化作用，但会受到一定的抑制。因此在稻田栽种作物的过程中保持一定的供氧有助于减少土壤中氮素的损失，同时有利于减少温室气体 N_2O 的排放，减少对环境的污染。

3. 探寻环境中硫的来源

通常来说，陆地生态系统的元素来源有空气和岩石两个途径，但硫（S）这种

---

❶ 反硝化作用：土壤中某些厌氧微生物在通气不良或供氧不足条件下，将硝酸根或亚硝酸根还原成氮气或氧化亚氮而损失的过程。

元素比较特殊，它同时来源于空气和岩石。自然界硫循环一般通过化石燃料的燃烧、火山爆发和微生物的分解产生二氧化硫，再经植物的直接吸收和硫酸盐的间接吸收进入生态系统，最后通过微生物的分解将其释放到土壤或空气中形成一个完整的循环回路。

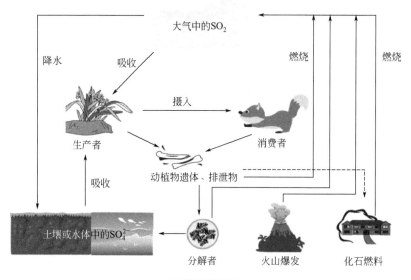

自然界硫循环

在过去两个世纪里，随着文明的进步和科技的发展，人类活动对全球硫的循环产生了巨大的影响，过量的硫沉降导致了土壤和水体的酸化。为了保护地球环境，我们必须对生态系统中硫的循环过程和来源有所了解。

1989 年，美国科学家对于太平洋地区大气中的硫同位素比值（$\delta^{34}S$）进行了检测和研究，他们发现，该区域偏远地区大气中的硫主要来源是自然硫循环，其主导成分是自然组分（主要是来源于海洋中的物质二甲基硫），而重工业区的硫主要是由人为排放的 SO_2 组成，且人为 SO_2 的排放量大约是自然过程来源的 3 倍。

借助于稳定同位素技术，科学家们对于硫在生态系统的运输途径和来源过程终于有了比较清晰的认识。

随着科学技术的发展，利用同位素这一自然生态圈广泛存在的"指纹标签"进行的相关研究将更加深入，其在现代生态学领域中的应用前景将越来越广阔，并最终为科学合理利用自然资源，改善生态环境，造福人类做出更大的贡献。

第五节　环境污染物的溯源与降解

随着农业革命、工业革命、信息革命的出现，人类活动对于自然界的影响急剧增加，出现了不少全球性的环境问题。联合国曾在一份报告中指出，目前，人类主要面临的 10 大全球性的环境问题包括臭氧层破坏、温室效应及全球变暖、酸雨蔓延、生物多样性减少、土地荒漠化、森林锐减、

水资源危机、海洋环境污染、固体废料的污染和大气污染。

为解决这些日益严峻的环境问题，我们首先必须对环境污染物的来源作出准确的判断，才能在此基础上采取针对性的措施，从源头上控制污染，确保人类生存环境的持久发展。

到底是什么污染了空气

由于稳定同位素在特定污染源中具有组成稳定、在污染物迁移与转化过程中不发生显著变化的特点，采用同位素自然丰度法或稳定同位素示踪法可追踪污染源的迁移与转化过程，因此已被广泛应用于环境污染物的溯源与示踪研究中。

1. 大气中氮氧化物从哪里来

20 世纪以来，地球大气中的氮氧化物（N_yO_x [1]）大量增加，这不但导致了地球"温室效应"的进一步加剧，同时，N_yO_x 还会与大气中的烃类化合物在阳光作用下发生反应，生成臭氧、醛、酮、酸等污染物，从而会在城市上方形成浅蓝色有刺激性的烟雾，这就是光化学烟雾。

---

[1] 氮氧化物(N_yO_x)：只由氮、氧两种元素组成的化合物。常见的包括一氧化二氮(N_2O)、一氧化氮(NO)、二氧化氮(NO_2)、三氧化二氮(N_2O_3)、四氧化二氮(N_2O_4)和五氧化二氮(N_2O_5)等，其中除 N_2O_5 常态下呈固体外，其他氮氧化物常态下都呈气态。

因此，N_yO_x 排放的控制一直是全球各国致力研究的热点。N_yO_x 的排放来源可分为自然及人为排放。自然排放主要包括闪电、土壤呼吸和森林火灾；人为排放主要包括化石燃料燃烧、农业氮肥的过量施用和交通工具的尾气排放等。自工业革命以来，人类活动排放 N_yO_x 日益增加，规模已大大超过自然排放，最新研究表明，人为排放的 N_yO_x 已达全球氮氧化物排放总量的90%。

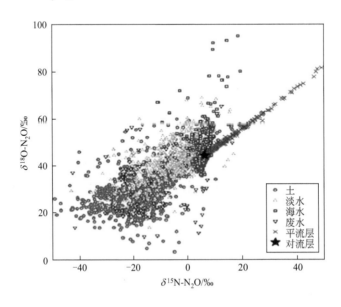

全球各区域自然界中 N_2O 的同位素数据

为了探索各种人为排放 N_yO_x 源的贡献率,科学家们利用稳定同位素自然丰度法对全球大气及主要环境释放源的 N_yO_x 中 N_2O 的氮、氧同位素组成($\delta^{15}N$ 和 $\delta^{18}O$)进行了研究,通过对 3000 多个全球各区域自然界中 N_2O 的同位素数据的分析,得到了统计图。

根据图中的数据并结合 1940~2005 年大气 N_2O 中 $\delta^{15}N$ 和 $\delta^{18}O$ 呈现持续降低的观测结果,科学家们认为,由于人类活动的加剧,尤其是氮肥的大量施用,导致全球土壤及水体不断向大气中释放出较轻氮、氧同位素的 N_2O,从而导致全球大气中 N_2O 中 $\delta^{15}N$ 和 $\delta^{18}O$ 值的降低。

2. 虫子是如何"吃掉"塑料的

"白色污染"主要包括塑料袋、塑料包装、一次性塑料快餐盒、塑料餐具杯盘以及电器充填发泡填塞物等。由于塑料使用引出的环境问题日趋严峻,英国的《卫报》把塑料袋评选为 20 世纪最糟糕的发明,在过去的 50 年里塑料的产量在全球已经增加了 20 倍,在环境中留下了 70 亿吨的塑料袋垃圾,甚至在一万多米深的马里亚纳海沟都发现了塑料粒子,而塑料在自然界的降解需要 500 年以上!塑料污染正严重威胁着生态和海洋环境。面对日益严重的白色污染问题,科学家希望寻找一种"零污染"的塑料降解方法。

2017 年,来自北京航空航天大学和美国斯坦福大学的科学家发现了能够啃食塑料的黄粉虫,这一研究成果被多家媒体进行了报道,并被评为"这一发现是革命性的,是过去十年环境科学领域最大的突破之一"。

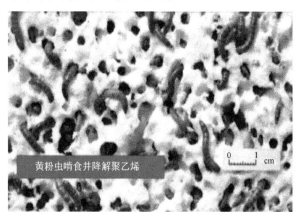

黄粉虫啃食并降解聚乙烯

黄粉虫又名面包虫，是一种仓库害虫，原产于北美洲，现已被人工大量饲养用作动物饲料或者提取化工原料。实验表明，产自中国和美国的黄粉虫幼虫都啃食塑料，仅仅靠啃食泡沫塑料能存活一个月以上。那么，物理化学结构如此稳定的塑料是如何被虫子降解转化的呢？通过碳质量平衡可以推测塑料（聚苯乙烯）有一半都转化为了二氧化碳和虫子的机体，怎么更加科学地证实这个推测呢？科学家采用了生物化学机理研究的"金标准"——同位素示踪法，分别用 ^{13}C 标记的聚苯乙烯和麦麸喂食不同组别的黄粉虫。用聚苯乙烯泡沫塑料作为唯一食物的幼虫，与那些喂以正常食物（麦麸）的虫子过了 1 个月后，健康情况一样，最后发育成甲壳成虫。

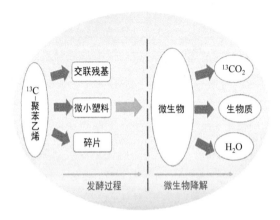

^{13}C–聚苯乙烯降解过程示意图

黄粉虫在泡沫上吃出了一个一个洞。塑料经过虫子的肠道消解后，化学结构和组成发生变化。通过采用凝胶渗透色谱（GPC）、^{13}C 的核磁共振光谱、热重傅里叶变换红外光谱等检测，证实了幼虫肠道中聚苯乙烯长链分子断裂形成代谢产物随着粪便排出。最终研究结果显示，黄粉虫幼虫将聚苯乙烯泡沫塑料作为唯一食物来源时其寿命可达一个月以上，其食入的聚苯乙烯可被完全降解矿化为二氧化碳或者同化为虫子的机体。该研究充分证明了黄粉虫幼虫可降解聚苯乙烯，为解决塑料污染问题提供了新思路。

虽然 ^{13}C 标记的聚苯乙烯非常昂贵，比黄金要贵几十倍，但是在证实这一推测的研究过程中，稳定同位素示踪剂发挥的作用是不可替代的，稳定同位素示踪法是科学研究中必不可少的环节。

3. 污染物是怎么被降解的

随着现代工农业的飞速发展，生产和消费过程中大量的有机化合物不可避免会通过各种途径进入环境造成污染。而大部分有机污染物在环境中具有持久性、可积累性和生物毒性，对生态环境和人类健康构成严重威胁。因此，如何有效清除环境中存在的有机污染物已经成为人类急需解决的问题。与物理和化学修复方法相比，生物修复具有成本低、无二次污染且可以原位修复等优势，是一种极具潜力的、低碳环保的污染修复方式。生物修复主要利用经过生物学手段"改造"普通的微生物得到的修复工程菌。比如通过基因修饰将大肠杆菌"改造"成为能够降解一种或多种污染物的工程生物菌。

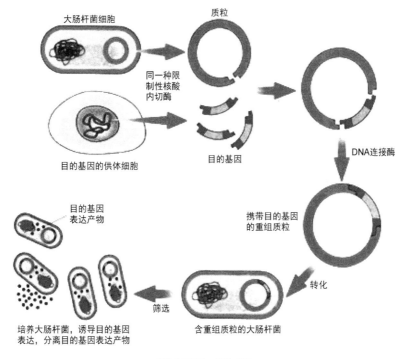

基因工程一般过程

那么，如何来证实"改造"是否成功呢？仅仅监测污染物在工程菌的作用下减少是不够的，因为如果被监测的污染物转化为另一种环境污染物的话也无法达到修复的目的。因此，科学家需要对修复工程菌降解污染物的全过程——代谢机理进行研究。而成百上千种代谢产物每时每刻都在变化，每种代谢产物可能会有很多种来源，尤其是微生物体内本身就含有的内源性代谢物，如果仅仅监测这些

代谢产物的浓度变化是无法确证其代谢途径的。这就需要给我们的目标污染物带上一个"追踪仪"——稳定同位素 ^{13}C 标记的污染物，利用这个 ^{13}C 的标签，通过测试降解途径中每一种可能的代谢产物是否带上 ^{13}C 的标签，我们就能够确定污染物在微生物体内的降解途径。

目前，常用的微生物降解载体是大肠杆菌，通过对备选基因的初步筛选、结构优化与人工合成，使得大肠杆菌可以降解环境污染物，其降解的核心化合物为邻苯二酚、对苯二酚、苯甲酰辅酶 A 及它们的衍生物等，这些核心代谢产物再通过一些相同或相似的核心代谢途径转化为三羧酸循环的中间代谢物而为微生物所利用。

我国的科学家就将 ^{13}C 标记的一种环境污染物——^{13}C- 苯酚，加入微生物的培养基中，通过追踪这种经基因优化后的大肠杆菌对 ^{13}C 标记苯酚的降解途径，从中间产物和代谢终产物中检测到了相应的 ^{13}C "标签"，从而确证了通过功能基因改造的大肠杆菌具备了降解有机污染物的能力。

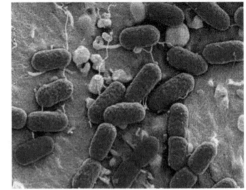

大肠杆菌

因此，无论是通过 ^{15}N 自然丰度的差异还是利用人工制备的高丰度 ^{13}C 标记化合物，都利用了稳定同位素示踪的原理追溯不同模型下污染物的来源或者追踪污染物的降解途径，可以说，稳定同位素技术是探究环境的治理与修复理论依据的重要工具。

第六节　水文地质研究中的稳定同位素

地球上的水存在于各个角落和各个生态圈（包括大气圈、水圈、岩石圈及生物圈）中，它们以固态、液态、气态的形式存在。各种形态的水体，在太阳辐射、地心引力等作用下，通过蒸发、水汽输送、凝结降水、下渗以及径流等环节，不断发生着形态的转换和周而复始的运动，这就构成了自然界的水循环过程。

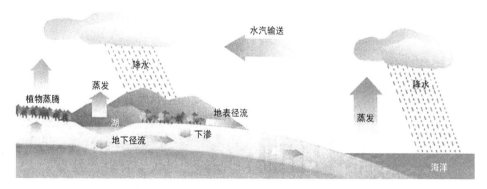

自然界水循环示意图

正是由于存在着水的循环，物质和能量在各个生态圈中实现了交换和转移，从而给地球上的生物创造了赖以生存的环境。

1. "拨云见山"的同位素水文地质学

水文地质学主要研究水循环过程中地下水的数量和质量随时间和空间的变化规律，以及合理利用地下水并防治其危害。它在研究岩石圈、水圈、大气圈、生物圈以及人类活动相互作用下地下水水量和水质的时空变化规律方面发挥着独特的作用。平时我们在防止地下水过度开采、研究地面沉降、推断地下水污染物来源等方面都用到了水文地质学的知识。

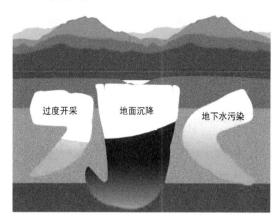

20世纪40 ~ 50年代，法国科学家首次把同位素应用到水文地质学上，开始了利用同位素在水文地质学方面的研究。我国同位素技术在水文地质上的应用起步尽管较晚，但近20年来，国内相关机构（如中国科学院地质与地球物理研究所）

在相关领域方面的研究也取得了长足的进步。

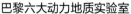
巴黎六大动力地质实验室　　　　　　中国科学院地质与地球物理研究所

与传统研究方法相比，以稳定同位素作示踪剂研究地下水运动过程有很大优越性，因为大部分稳定同位素的化学性质比较稳定，不易被岩石吸附，不会生成易沉淀的化合物；最重要的是其检测灵敏度非常高，极小剂量就可获得满意的效果。尤其是氢（H、D）、氧（^{16}O、^{18}O）同位素，它们本身就是水分子的组分，是理想的示踪剂，因此应用更为广泛也较为重要。

近几十年来，运用同位素的理论和方法解决水文地质问题发展迅速，已经发展为同位素地球化学的另一重要分支——同位素水文地质学。同位素方法为研究水文地质提供了新的有效手段，它有助于从宏观和微观上阐明水文地质的过程机理。应用同位素方法可以解决很多水文地质问题，如利用放射性同位素 ^{3}H（T）和 ^{14}C 测定地下水年龄，利用稳定同位素 ^{2}H（D）、^{18}O 研究地下水的起源、形成与分布，示踪地下水运动，测定水文地质参数等。

2. 地下水的来源推断

我们知道，水是由氢、氧两种元素组成的，这两种元素在自然界中都存在相应的稳定同位素，分别是 ^{1}H、D 与 ^{16}O、^{18}O。由于同位素原子量不同，因此水在生态圈中的蒸发和凝结过程中也存在着同位素分馏效应，从而会使大气降水的氢、氧同位素组成出现相关的变化。这一规律最早是由美国地球化学家哈蒙·克雷格（Harmon Craig，1926—2003）于 1961 年在研究北美大陆大气降水时发现的，并把这一规律用数学式表示为：$\delta D = 8\delta^{18}O + 10$，这就是同位素水文地质学中著名的降水方程，又称为 Craig 方程。

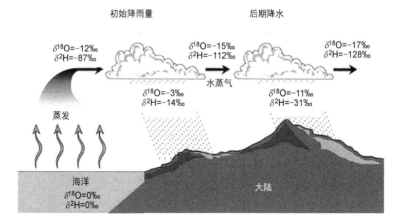

初始降雨量   后期降水

自然界水循环中的 ^{18}O 和 ^{2}H

在实际应用过程中，科学家们会将采集到的数据代入降水方程得到这张图。

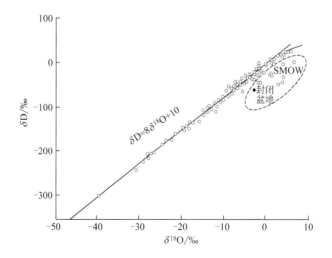

图中的那条线根据研究区域的不同被称为全球或某一地区的大气降水线。

科学家们将所在地地下水样品中的氢氧同位素 δD、$\delta^{18}O$ 值与当地大气降水线比较，如果二者基本重合，那就说明该地区地下水主要来自大气降水。

我国科学家用同位素水文地质学的方法研究了四川省广元市的地下水来源，将研究区域地下水的 δD、$\delta^{18}O$ 值投影到西南地区 $\delta D - \delta^{18}O$ 值关系图上，发现基本都落在降水线附近，这样科学家们就可以推断认为，四川广元的地下水主要来源于当地的大气降水。

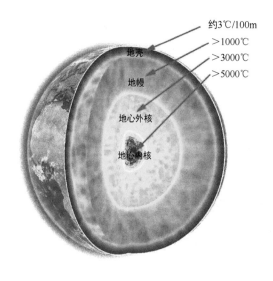

约3℃/100m
>1000℃
>3000℃
>5000℃

地壳
地幔
地心外核
地心内核

3．神奇的地质温度计

稳定同位素测温是现代地球化学中迅速发展的又一个分支。近年来，同位素测温方法应用于地质科学，不但能提供各种成岩、成矿环境的温度数据，而且近年来已开始应用实测同位素分馏系数，探讨地质作用的平衡性质及其他物理化学条件指标。同其他地质测温技术相比，同位素测温法具有适用范围广和基本不受压力因素影响的特点。

同位素是如何实现测温的呢？

科学家们研究发现，原子序数（Z）小于 20 的元素的稳定同位素在地壳中会因为物理作用、化学反应或生物活动而发生相对丰度的变化，也就是我们上面提到过的同位素分馏效应。例如在地壳中，$CaC^{16}O_3$ 会和 $H_2^{18}O$ 发生如下交换反应：

$$CaC^{16}O_3 + 3H_2^{18}O \rightleftharpoons CaC^{18}O_3 + 3 H_2^{16}O$$

通过实验方法直接测定交换反应产物 $CaC^{18}O_3$ 和 $H_2^{16}O$ 中的 $^{18}O/^{16}O$ 值就可以得出衡量分馏作用大小的分馏系数。根据大量的实验测定和自然同位素交换反应观察得到，同位素分馏系数和温度有关。

这样人们只要根据实测地质样品的同位素分馏系数，便可根据系数与温度的关系得出该地区的地质温度，这就是同位素地质温度计的测温原理。

随着实验数据的积累和质谱分析技术的改进，同位素测温的精度不断提高，方法日趋完善。同位素测温已成为地质工作者手中又一有力工具。

4．预测隧道突水风险

隧道涌突水是隧道工程建设中最重要的水文地质问题之一，而涌水量的准确预测往往要求对隧道地区建立合适的水文地质概念模型。过去人们主要是从地质学和地下渗流力学两个方面进行概念模型研究，随着测定超微量同位素技术的出现，环境同位素测定方法为水文地质概念模型的研究提供了有效手段。

隧道突水示意图

在修建西安—安康线时,很重要的一项控制工程就是秦岭特长隧道,这条隧道全长 18.4 千米,由两条平行、相距 30 米的单线隧道构成,最大埋深达 1600 米。

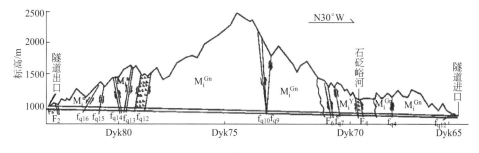

秦岭特长隧道

隧道修建时,施工方发现其北面存在着一条河流——石砭峪河,该河流的丰水期最大流量达 31.4 立方米 / 秒,因此在前期施工过程中预备采用包括超前预注浆止水在内的各种预防措施。

科学工作者们在勘测和施工阶段,采用同位素水文地质学方法对秦岭特长隧道北坡地表水和下部地下水进行了样品采集和分析。根据对所得水样中氘同位素 δ 值的计算,他们做出了如下判断:只要施工方法得当,不对周边的岩石产生过大的干扰,该段隧道突水就不会发生。

根据上述判断,科学工作者向有关部门提出了在该段取消注浆止水的建议,仅此一项就为国家节省了大量投资。

目前为止,科学家们借助于同位素示踪技术已经揭示了许多水文地质过程的

内在规律；而对于现存水文地质学中的不同见解仍要依靠同位素技术来"正本清源"，甚至对于水文地质理论研究中的未知领域，也需要依靠同位素技术的进一步发展才能有所发现。

随着水文地质学、同位素方法、地球化学的不断发展，以及人类合理开发水资源、水环境和保护地球生态要求的不断提高，同位素水文地质学必将在多学科的交叉和渗透中进一步拓展其研究领域，并在水文地质学的基础理论及定量化研究方面取得更多新的进展。

参考文献

[1]   杨元一.身边的化工[M]. 北京：化学工业出版社，2018.

[2]   走进大自然丛书.自然界的物质循环[M]. 北京：世界图书出版公司，2010.

[3]   GB/T 37750—2019. 稳定同位素应用术语及产品命名规则[S]. 北京：中国标准出版社，2019.

[4]   刘莉莉，李合松，马绪亮，等. 同位素示踪技术在植物光合作用研究中的应用[J]. 湖南农业科学，2007（04）：50-53.

[5]   苏波，韩兴国，黄建辉. ^{15}N自然丰度法在生态系统氮素循环研究中的应用[J]. 生态学报，1999，19（3）：408-416.

[6]   王曦，逯超普，罗永霞，等. 主要人为排放源中氮氧化物^{15}N自然丰度的测定[J]. 土壤学报，2016，53（6）：1552-1562.

（负责人·朴晓宁；主要编写人员：宋明鸣　解　龙　李　猷）

第五章
核能利用的关键材料

　　核能也称原子能，它是原子核里的核子——中子或质子，重新分配和组合时释放出来的能量。核能分为两类：一类叫裂变能，另一类叫聚变能。前者已经被大量应用于实际生产中，而后者仍处于研发阶段。核反应堆是裂变能应用最成熟的一种形式，世界上运行着400余座核反应堆，其发电量占世界总发电量的16%。在化石燃料储量日益减少的今天，这种新能源的优势就体现了出来。据估计，地球上核裂变的主要燃料铀（U）和钍（Th）的储量分别约为490万吨和275万吨。这些裂变燃料足可以用到聚变能时代。

　　轻核聚变的燃料是氘和氚。1升海水能提取30毫克氘，在聚变反应中能产生约等于300升汽油的能量，地球上海水中有40多万亿吨氘，足够人类使用上百亿年。氚则可以用锂（Li）来制造，根据调查数据显示，世界锂资源储量（金属锂）总计约为1351.9万吨，也足够人类在聚变能时代使用。因此，即使到了遥远的将来，核能也将是满足人类能源供应的重要保障。

裂变能已经被应用于实际生产中

第一节　重水是核能利用的"调速器"

1. 第二次世界大战中的重水之战

　　1939年第二次世界大战爆发后不久，纳粹德国的原子弹计划——"铀计划"便正式启动。1940年4月德军利用闪电战打败了丹麦和挪威，占领了当时世界上唯一能生产重水的诺尔斯克化工厂。经过人手和设备的调配，工厂重水的年产量猛增30倍，一下子达到了惊人的4.5吨。1942年德国试验结果表明，原子弹的研究将很快取得成功！这一消息震惊了盟军高层，因为如果德军先开发出了核武器，那么历史将被彻底改写，而重水正是研制核武器的关键材料。

英国首相丘吉尔与将军们对此制定出一个秘密方案：炸掉这座世界上唯一能够提炼重水的化工厂，切断德国的重水来源，拖延德国制造原子弹的进程。1943年2月27日，诺尔斯克重水厂被盟军特遣队员用炸弹炸毁；1944年2月20日，德国最后一批珍贵的重水连同运载制造设备的"海多罗"号轮船一同沉入了挪威的廷斯贾克湖湖底。希特勒的原子弹美梦彻底破灭了。

2. 重水是核反应的中子减速剂

重水（D_2O）中的氘（D）是氢（H）的稳定同位素，它不仅在战争时期被各国政府严格把控，而且在和平年代也受到人们的广泛关注。因为重水除了是研发原子弹的核试验必备材料，也是核能发电厂反应堆中的"中子调速器"——减速剂。核反应堆里的中子速度很快，很难直接参与反应，但核反应堆的目的是稳定、高效且安全地通过核裂变反应来生产核材料或发电，所以必须要有重水这个"中子调速器"来降低中子速度，以实现对核反应的控制。

核裂变（核弹爆炸）的同时释放巨大能量

那么，为什么重水可以用作中子减速剂呢？

要想搞清楚这个问题，我们得先明白核反应堆的运作过程以及减速剂的作用原理。核反应堆是核反应发生的地方，主要由反应堆芯（包括核燃料、减速剂和冷却剂）、控制棒、堆内构件、压力壳等部件组成。核燃料在反应堆芯内进行裂变反应持续放热，这些热能被作为冷却剂的水吸收后带出，再转化为发电机转子的

机械能，最终变成电能。目前，核裂变反应常用的燃料是铀 –235（ ^{235} U ）❶，它在反应堆内和中子结合后发生链式反应，释放更多的中子继续参与反应，同时产生大量热。

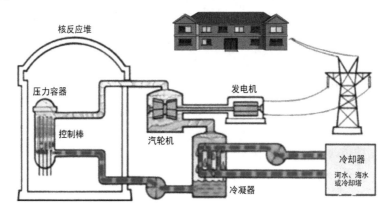

核裂变的能量转化途径

但是，铀 –235 裂变发射出的中子是快中子，运动速度比被一般可被捕获的中子要快一万倍❷。而速度过高的快中子很难被捕获，正如高速飞行的棒球很难被接住一样，快中子往往来不及和铀 –235 发生核裂变反应，它就又飞走了。这会导致链式反应的中断，最终反应堆停止运行。因此为了确保反应堆内链式反应的可控进行，需要减速剂（也叫慢化剂）使裂变产生的快中子减速变为热中子。

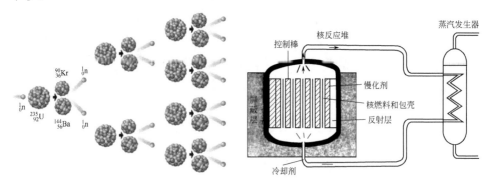

铀 –235 发生的链式反应　　　　　热中子反应堆基本构造图

---

❶ 铀-235 是一种半衰期很长的放射性同位素，约为 7.1×10^8 年，因此在实际生产中也经常作为稳定同位素处理。
❷ 快中子运动速度约为 20000 千米 / 秒，可捕获的热中子运动速度为 2200 米 / 秒。

链式反应：核反应堆中的基本反应，主要包括链引发、链传递、链终止三部分。链引发阶段，裂变反应迅速释放出大量中子，反应速率逐渐上升；链传递阶段，大量中子参与到裂变反应中，反应速率呈几何式上升，伴随剧烈放热；链终止阶段，体系内铀-235消耗完毕或者中子被其他物质吸收，反应速率下降并趋于零。

那么，减速剂是怎么实现快中子减速的呢？其实，减速剂对中子的减速是依靠原子核与中子之间的弹性碰撞实现的。裂变产生的快中子与减速剂的原子核发生多次碰撞后，能量很快就会下降至一个较低的程度。这一过程类似于桌球，球与球之间的每一次碰撞都会引发球速的下降。经过多次弹性碰撞之后，快中子就会减速变为热中子，参与到下一级链式反应中去。基于这种减速原理，科学家们明确了核反应堆减速剂所需要的特定性质：对中子减速能力强，但是对中子吸收不多。

根据科学家们的长期研究，石墨中的碳元素、水中的氢元素都能对核反应堆里的快中子起到减速作用，因此常见的减速剂有三类：石墨、轻水❶以及重水。

石墨是人们早期使用的减速剂，其价格低廉且耐高温，但缺点在于对中子的减速能力太弱，这就意味着以石墨作为减速剂的核反应堆会很大。切尔诺贝利核电站使用的就是石墨减速剂，后来随着人们对安全要求的提高，石墨减速剂渐渐被取代。轻水是含氢物质，减速能力强于石墨和重水，且载热性能好，因此轻水作减速剂的反应堆结构紧凑，反应堆芯体积小，这也是这类反应堆基建费用低，建设周期短的主要原因。但轻水对于中子的吸收能力也相对较强，不利于链式反应的维持，因此这类反应

中子碰撞就如桌球，只降低中子的速度，但不能把中子"吃"掉！

❶ 原子能领域中，为与重水区分将普通水（H_2O）叫作轻水。

堆中必须使用专业的浓缩厂生产的浓缩铀❶。

重水的中子吸收能力不强，因此具备作为减速剂的潜质。研究初期，人们提出了重水／燃料棒组合和铀的重水溶液这两种核试验方案，以验证其减速能力。最终结果表明，重水是一种很好的减速剂材料，减速能力虽然稍弱于轻水，但是中子吸收能力也弱一些。经过长期的实践应用，人们发现用重水作减速剂有以下四个明显的优势：

第一，重水反应堆可以直接用天然铀作燃料，燃料成本比轻水堆低约50%。因为重水的中子吸收率低，链式反应不需要依靠较高浓度的铀-235来维持，所以也不需要配套投资庞大的浓缩铀厂。20世纪60年代，美国停止出口浓缩铀给加拿大，

轻水核反应堆的燃料——浓缩铀

20世纪我国自建的浓缩铀工厂

迫于无奈，加拿大转而使用了重水反应堆核电站，依靠其丰富的天然铀储备实现了核燃料的自给自足。此外，重水较低的中子吸收率除了对核燃料的要求降低，还能让这类反应堆节省20%的天然铀，这一点对于铀资源不丰富的国家也很有吸引力。

第二，重水反应堆可以制造钚-239（^{239}Pu），而钚-239可供研制核武器。这一点足以让很多国家选择建设重水反应堆。其原因也是重水反应堆里的中子较多，除了维系链式反应，剩余的中子还可以使天然的铀-238变成钚-239。

---

❶ 天然铀中的铀-235丰度仅为0.72%，不能直接用于轻水作减速剂的反应堆。而通过特殊工艺提炼的浓缩铀丰度可达3%～4%。

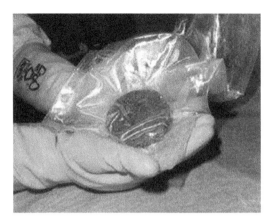

可供研制核武器的钚-239

第三，重水反应堆核电站可以实现在不停反应堆的情况下换料，而轻水反应堆每年都需要停堆换料一次，一般需要 60 天。因此，重水堆有利于提高电站的利用率，实际发电量一般可以达到设计发电量的 85%。

第四，重水比热容大、传热性能好、携带的放射性物质较少，因此也可以用作冷却剂，在操作管理层面上更加方便。

由此我们可以看出，重水作为一种优良的减速剂，在核反应堆中扮演着维系链式反应的重要角色；同时还能节省核燃料，提高发电厂的经济效益。可以说，重水在核能领域是当之无愧的"黄金水"。

3. 重水是如何生产的

重水可以采用电解、精馏、化学交换等方法进行生产。这些方法各有优缺点：电解法虽然分离效果好，但消耗的电能太大，目前已经不单独使用；精馏法操作简单，便于实施，但是用于从海水里提取氘时，分离效果不佳，所以并不实用；化学交换法则是利用化学反应，使普通水中的氘与其他试剂的氢发生交换，实现氘的提取，这是目前生产重水最经济的方法。其中，不同温度的水与

化学交换法与蜜蜂传粉行为有类似之处

硫化氢的化学交换法最为常见，它主要通过在交换塔内顶部冷凝和底部加热的方式，使水和硫化氢之间的氢与氘进行传质交换，最终完成生产。

这种化学交换法的原理其实也很有趣，有些类似于蜜蜂传播花粉。研究表明，在高温下水中的氘会向硫化氢中迁移，而低温下这些硫化氢中的氘又会向水中转移。所以在实际交换过程中，硫

重水生产装置

化氢就像蜜蜂，在高温段把水中的氘"采集"出来，然后携带到低温段，再把氘交给低温段里的水，同时带走水中的氢，这样低温段里的重水丰度就会渐渐上升。根据这一原理，人们设计了这样的化学交换塔：水从塔顶向塔底缓慢流动，而硫化氢气体从塔底向塔顶逆着水流上升，并可以在塔内循环使用，充当搬运工的角色。这一过程可以连续循环操作，而且不需要加入其他试剂，最后可以将海水中的氘同位素丰度从 0.0147%（原子分数）提高至 30%（原子分数）。这些重水再进行蒸馏浓缩就可以制备反应堆级的重水 [即氘同位素丰度为 99.75%（原子分数）的重水]。美国、加拿大、印度、中国都先后建成了自己的重水生产厂。

4. 重水与中国的核电之路

我国对核电的研究已有四五十年的历史，在此期间 步步完成了从技术空白到核电大国的蜕变。而以重水为减速剂的重水型反应堆在这段过程中扮演了十分重要的角色。

1991 年，我国自行设计建造的第一座 30 万千瓦级核电站——秦山核电站投入运行，这为随后的核电快速发展做好了铺垫。2003 年，采用加拿大重水型反应堆技术的秦山核电站三期

具有自主知识产权的三代核电"华龙一号"

项目全面建成投产，项目以重水为减速剂。截至 2005 年底，两台机组累计发电达 288 亿千瓦时，有效缓解了华东地区电力紧张状况；至 2007 年底，秦山三期核电站已累计安全发电 520 亿千瓦时，相当于少消耗标准煤 1760 万吨，为长三角经济的高速发展注入了强劲的动力。

在大力发展核电的同时，经过技术与设备的引进、长期吸收和创新，我国终于拥有了具备自主知识产权的百万千瓦级压水堆核电技术——华龙一号。该反应堆技术先进且可靠性高，已经达到了国际三代核电技术的先进水平，成为继高铁之后一张新的"中国创造"国家名片，也标志着我国从核电大国逐渐向核电强国进行转变。

第二节　硼同位素是核反应的"控制棒"

1. 控制棒的核心原料——硼 -10

核反应堆内的主要反应是铀 -235 的链式反应：中子撞击铀 -235 引发裂变反应，放出大量热的同时产生更多中子，中子继续寻找其他铀 -235 发生裂变反应。也就是说，如果不加控制，随着体系内的中子增多，反应速率会越来越快，所释放的巨大热量来不及被冷却剂带走，进而导致反应堆失控，甚至引发爆炸。因此，为了核电站的安全连续运行，必须严格控制反应堆内的中子数，给反应堆套上一个牢靠的"金箍"。这就需要一种中子吸收能力很强的材料制成控制棒，如果反应堆内温度过高，就使用控制棒快速吸收掉一部分中子，保证体系的稳定。

那么，什么样的材料能制成控制棒呢？在研究过程中人们发现，除了昂贵的钆（Gd）、钐（Sm）、镉（Cd）等几种元素以外，硼元素的中子吸收能力也非常强，是一种大有前景的核材料。

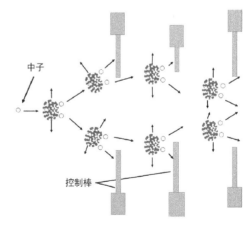

核反应堆控制棒应用原理

天然硼中含有两种稳定性同位素，即硼–10（^{10}B）和硼–11（^{11}B），两者丰度分别为 19.78%（原子分数）和 80.22%（原子分数），但硼元素良好的中子吸收能力完全来源于硼–10。硼–10 的中子吸收截面 ❶ 非常大，为 3813 靶，而硼–11 的中子吸收能力非常弱。

因此，对于高丰度的同位素硼–10 材料，其中子吸收能力是早期核反应堆中作为中子防护材料的铅的 20 倍，是混凝土的 500 倍。目前，这种新型硼材料已经被大量应用于核电站之中了。

具体来说，硼–10 在核反应堆中的应用主要体现在以下几个方面：

① 硼–10 以碳化硼或者硼酸盐等形式制成核反应堆的控制箱与控制棒，控制核反应堆的速度，使核反应堆稳定、安全地运行。

核裂变反应由中子引发后，会产生更多中子。如果把控制棒拔离反应堆远一点，中子被吸收的概率降低，它们就有更多机会参与第二次裂变反应，此时反应堆开始运转。但随着链式反应的继续，中子量迅速增多，如果不加以控制就会存在反应堆失控的风险。这个时候将控制棒再插进反应堆一点，就会有更多的中子被吸收，导致链式反应的速度下降，并达到一定的稳定值。

② 硼–10 与锂（Li）、铬（Cr）等元素制成紧急控制棒，对反应堆起到应急和保护作用。如遇紧急情况要停止链式反应，将紧急控制棒完全插入核反应中心吸收掉大部分中子即可。

这种特制的紧急控制棒对中子的吸收能力比普通的控制棒更强，因此当其完全插入核反应堆后，链式反应很快就会停止，可以做到有效保障核反应堆的安全运行。

③ 硼–10 以碳化硼粉的形式，与石墨粉混合后制作成硼砖，用于反应堆外部，以防止放射性物质的外泄。除了硼砖以外，也可以采用常压烧结工艺，将碳化硼粉末烧结成块状，当作反应堆的屏蔽材料。

2. 硼–11 的妙用

相较于硼–10，硼–11 的中子吸收截面很小，只有 0.05 靶。因此，高丰度的硼–11 是一种不易吸收中子的特殊核能材料。将硼–11 掺入钢材中，就可以制备得到热稳定性很高的硼钢，而同时又不增加其吸收中子的能力。这种新型硼钢可以用作核反应堆的反射壳，避免堆芯内中子的外泄。

---

❶ 中子吸收截面是核反应中材料吸收中子概率的一种度量方式，它是材料的一种固有属性，单位为靶。一般地，中子吸收截面越大，中子吸收能力越强。

航天器中的硼-11掺杂芯片

此外，硼-11不易吸收中子的特性，也可以应用于集成电路材料的改进。硼是一种集成电路里重要的掺杂原子，但在太空中由于缺乏大气层的保护，硼-10在中子的作用下会裂变成锂和一个高能阿尔法粒子，所以航天器的集成芯片很容易在高能粒子的轰击下出现损坏。如果使用同位素级别纯硼-11进行掺杂，就可以大大减少这种情况的出现。所以使用三氟化硼-11气体制作的半导体芯片具有准确、稳定和高效的特点。

第三节　稳定同位素为核聚变提供充足的"燃料"

1. 什么是核聚变

从古至今，太阳都是人类宝贵的能量来源。阳光驱散黑暗，给人们带来温暖，帮助农作物成熟结果。每一秒，人类都在接受着来自太阳的巨大能量馈赠。不过，大家有没有想过，太阳这么多能量的来源是什么呢？随着研究的深入，科学家们揭示了这个问题的答案：核聚变是太阳的能量来源。

释放巨大能量的核聚变

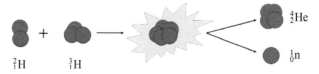

太阳内部氘–氚核聚变原理示意图

核聚变，也叫聚变反应或热核反应，即轻原子核结合成较重原子核时放出巨大能量的过程。太阳内部的核聚变反应是氘–氚聚变，每秒都会有数百万吨的氢的同位素——氘（D）和氚（T）原子在其内部超高温度和压力的作用下进行碰撞，发生原子键的断裂再结合，生成更重的氦原子。这一过程中产生的大量光和热，穿过 1.5 亿公里传送到地球地表，滋养着地球上的万物生长。

虽然太阳每天都会为我们提供大量的能量，但是我们的能源现状依旧堪忧。从 20 世纪 50 年代以来，核裂变技术迅速发展，人们可以通过重核裂变获取大量能源。不过裂变产生的核废物、核辐射以及可能产生爆炸事故的危险性，一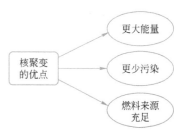直让它无法取代传统化石能源的地位。那么相较于核裂变，核聚变就有着很多天然的优势：更少的核污染、产能同样巨大且反应原料储备量充足。所以几十年来，研究人员一直在尝试模仿太阳，通过聚变获得能量。理论上来说，有很多种轻原子核都可以参与聚变。但事实上，地球上最容易实现的核聚变反应和太阳里发生的一样，也是氘–氚反应。

目前人们还没有能完全掌握核聚变，这是因为发生核聚变的条件非常严苛，一般需要极高的温度和压力才能使原子获得足够的速度克服它们之间的斥力，因此虽然不可控核聚变（即氢弹）已经实现，但可控核聚变尚处于研究阶段。

现阶段国内外均在积极投入人力物力跟进研究，如：被称为人类最终解决能源危机最大希望的国际热核聚变实验反应堆（ITER），我国也是参与国之一。"东方超环"（EAST）是由中国独立设计制造的世界首个全超导核聚变实验装置。其科学目标是为 ITER 计划和我国未来独立设计建设运行核聚变堆奠定坚实的科学和技术基础。虽然在规模上 EAST 比 ITER 小很多，但是它的成功运行也为 ITER 做出了重要贡献。

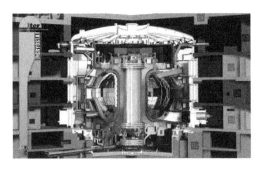

国际热核聚变实验反应堆（ITER） 中国核聚变实验装置"东方超环"（EAST）

2. 核聚变燃料的提取

聚变反应堆又被称为"人造小太阳"，是因为太阳本身就是一个巨大的核聚变反应堆。在太阳高温高压的环境下，氘原子和氚原子不停地撞击而发生聚变反应，从而产生了照亮整个太阳系的巨大能量。人类目前核聚变反应堆利用的主要燃料也是氘和氚，这两种燃料的储备虽然丰富，但是仍需进行提取后才能应用。

氘是氢的稳定同位素，在海水中大量存在，目前人们经常使用之前提到的化学交换法，将氘以重水（D_2O）的形式分离出来。据测算，海水中氘的质量浓度为 0.03 克 / 升，因此地球上仅海水中就有 40 多万亿吨氘。如果把海水中的氘全部用于核聚变反应，其释放的能量足够人类使用上百亿年。因此氘资源几乎是取之不尽、用之不竭。

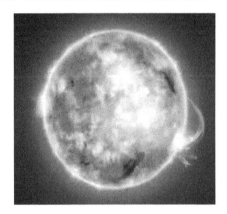

"人造小太阳"模拟图

氚是氢的放射性同位素，具有适宜的核物理性质，毒性较低。不同于氘，氚的半衰期较短，因此自然界中稳定存在的氚几乎没有。目前，氚的生产主要依靠堆外、堆内两种生产方法。其中，堆外法又可以分为裂变反应堆和加速器生产两种：

① 裂变反应中产生的快中子，经由减速剂作用后变为热中子，可以被重水进一步俘获生成氚。

② 加速器中，质子被加速到 0.92c（c 指真空中的光速），然后高速质子轰击

钨或铅。高能质子击中对应材料后会产生几十个快中子，经过重水慢化后得到能被气态氦捕获的热中子，随后产生氚。

然而事实上，虽然上述两种方法能够生产氚，但产量都不能满足实际核聚变反应的需求。因此，为了维持聚变反应的进行，人们开发出了稳定同位素锂-6参与的堆内再生产法制备氚。

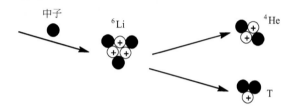

聚变反应堆再生产氚原理图

核聚变反应产生大量中子，使用锂-6（^{6}Li）进行中子捕获，就可以重新产生氚。这些新产生的氚放回到聚变装置中去，作为燃料再次参与聚变反应，又可以产生新的中子，再与锂-6产氚。以此方法构成了聚变反应堆里的氚循环，可以节省大量生产成本。此外，聚变反应得到的快中子理论上也可以通过稳定同位素锂-7（^{7}Li）进行捕获产氚。

在聚变反应中可以利用的产氚反应方程式如下：

$$^6Li + n_{slow} \longrightarrow {}^4He + T + 4.8\ MeV$$
$$^7Li + n_{fast} \longrightarrow {}^4He + T + n - 2.5\ MeV$$

虽然堆内再生产法可以节省大量的成本，但它也有明显的缺点：锂-6的中子吸收截面不大，所以在吸收中子时效率不高，产出有限。因此在聚变反应堆内循环中，各个环节损耗的氚必须被严格控制，否则体系内氚的含量会越来越少，最后导致聚变反应堆熄灭停堆。

另外，对于理论上可行的锂-7产氚方法，真正应用起来则有较多困难。锂-7的中子吸收截面更小，仅有0.033靶，产氚效率更低；而且锂-7产氚需要吸收快中子，难度远大于锂-6。所以在实际应用中，绝大部分核聚变反应堆都使用锂-6产氚。

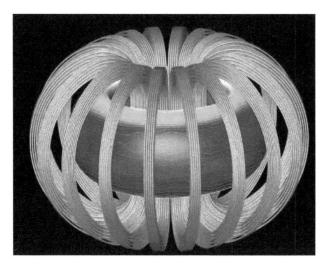

通过锂-6实现的反应堆内循环产氚法

尽管在产氚方面，锂-7不如锂-6具有优势，但在核能的应用方面，则各有千秋。由于锂-7相较于锂-6更具惰性，不会快速吸收中子发生反应；同时液态的锂-7黏度低、导热好，这些性质使它成为反应堆中理想的载热剂。此外，难吸收中子的锂-7是核裂变反应堆中一种很有前途的中子慢化剂。一般来说，锂-7在高温反应堆中以 ^7LiH 或 ^7LiD 的形式作为慢化剂出现。当锂-7的丰度到达99.99%（原子分数）的时候，它可以分别以 ^7LiF 和 ^7LiOH 的形式用作熔融盐反应堆 ❶ 的冷却剂与载热剂。

在核聚变反应堆体系里，锂同位素各自发挥着非常重要的作用，锂-6负责捕获慢中子产生核燃料氚，而锂-7则负责搬运核聚变产生的热量，将热量输送给反应器。这对"孪生兄弟"在核能应用领域充分发挥着各自的特长，保证着反应堆的稳定运行。

3. 无中子的核聚变

目前研究的氘氚聚变过程中，往往会产生大量中子，这些不带电荷的中子会带走聚变过程中释放的大部分能量，并可能产生辐射等一系列问题。因此，人们也在积极研究一种新型的核聚变方式——无中子聚变。无中子聚变过程中产生的

---

❶ 熔融盐反应堆常用来生产医用同位素，后者可以对人体进行放射性医学诊断和治疗，是一种日趋普及的现代医学手段。

是带电粒子（如 α 粒子、质子等），所以释放的能量绝大部分由它们所携带。这样一方面可以避免辐射的问题；另一方面相比于电中性的粒子，带电粒子更容易直接转化为电能。

不过相比于氘氚聚变，无中子聚变得以实现的条件要严苛得多，因此需要对参与反应的粒子进行仔细筛选。科学家在进行了大量研究后认为，采用氘与氦 -3（^{3}He）的聚变来发电，会更加安全。氦 -3 在地球上特别少，但是月球上很多，地球上的氦 -3 总量仅有 10～15 吨，而月球却保存着大约 5 亿吨氦 -3，可以为地球提供 1 万～5 万年用的核电。

$$^2D + {}^3He \longrightarrow {}^4He + {}^1p + 18.3\,MeV$$

为了避免现阶段氦 -3 的来源限制，科学家还在开展氢和硼 -11 无中子聚变研究。只要将氢原子核的能量控制在较低水平，反应过程就不会产生中子。

$$^1p + {}^{11}B \longrightarrow 3{}^4He + 8.7\,MeV$$

我们相信，终有一天，核聚变将成为一种重要的能量来源，并最终解决人类在能源方面不断增长的需求。

第四节　OLED材料

OLED，学名"有机发光二极管"，无疑是近年来显示产业链中的"大明星"。作为一种固体光源，它具有低电压驱动、小型轻量、自发光、视角广、易折叠等特点，因此不管在画质、效能、成本及用途上，表现都比它的对手液晶屏（LCD）优异很多。目前这种新材料的一大发展趋势是使用氢的稳定同位素——氘来增强器件稳定性。

2015 年中国 OLED 行业市场规模已达 190 亿美元。2017 年，随着高端手机的代表——iPhone X 的发布，全面屏市场彻底爆发，国内外更是掀起了一股 OLED 风，上游产业链里的 OLED 材料厂商备货需求也明显被拉动。自此全球 OLED 材料市场呈指数级增长，2018 年中国 OLED 行业市场规模则是达到了空前的 290 亿美元。2019 年，某公司发布折叠屏 5G 手机 Mate XS，再次将 OLED 材料推向风口。随着 5G 时代的到来，使得 OLED 各种应用成为可能，

126

OLED 产业有望迎来发展的"黄金十年"。

不过，OLED 仍有一个明显的缺陷：器件稳定性不佳。到达使用寿命后的 OLED 屏幕，亮度会随着使用时间的加长而不断降低，也就是大家常说的"烧屏"问题。随着应用的深入和市场的增长，OLED 的这一问题也愈发凸显出来。

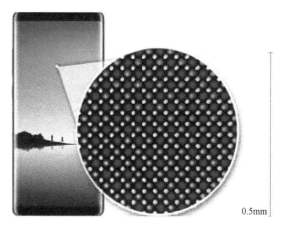

0.5mm

OLED屏幕的红、黄、蓝三色像素

那么，为什么 OLED 的寿命会比较短呢？要想搞清楚这个问题，我们需要从 OLED 的显示原理说起。与 LCD 屏幕不同，OLED 本身就是光源，屏幕面板上布满了可以自主发光的红、黄、蓝三色像素，通过电路控制光的亮度，最后构成了我们看到的鲜艳画面。就好比一块屏幕上布满了无数可以发红、黄、蓝三色光的"小灯泡"，但是小灯泡本身是有寿命的，过度使用就可能损坏。由于 OLED 每个像素点工作时间不一样，如果长时间高亮度显示，OLED 屏幕上有些"小灯泡"就会坏掉，导致不同区域的亮度显示不均匀，也就是所谓的"烧屏"问题。

搞清楚 OLED 寿命变短的原因后，研究人员就开始想办法解决这个问题了。科学家们提出的方案是对它的构成材料进行改性，来延长这些"小灯泡"的寿命。但随意改动有机材料的结构可能会导致材料性质发生明显变化，所以这个改动必须很谨慎。那么这个时候，稳定同位素氘（D）又有了一展身手的舞台。

一般来说，材料分子里的碳氘键（C—D）的稳定性优于碳氢键（C—H），但是其他化学性质不会有明显区别。据此，人们进行研究后发现，在 OLED 基体材料中，用 C—D 键替换主结构中的 C—H 键，能承受住比非氘代材料大 20 倍的电流，可以将 OLED 器件的寿命延长 5 ~ 20 倍。这一发现，昭示着氘代材料在 OLED 改性领域的巨大潜力。可以说，氘代材料不仅能改善 OLED 器件稳定性和使用寿命，还具备提高亮度、发光效率等可能性，对节约电能资源也有重要的意义。

OLED有机材料层
中的基础材料

用CD₃替换发光
材料中的CH₃

此外，利用 C—D 键的特性，氘代材料还可以用于光纤的制备，能够进一步满足人们对更快数据传输的要求。比如氘代聚甲基丙烯酸甲酯（PMMA-Ds），它是一种光损耗较小的芯材。一方面，它回避了 C—H 键谐波吸收所带来的在可见光和近红外区域的损耗；另一方面，氘代后增加的分子量也使基体材料吸收光谱的特征峰向长波长方向移动，降低了近红外和红外区域的损耗。

第五节 其他核能材料

1. 更快更强的硅 −28 半导体

20 世纪 40～50 年代，以计算机技术为代表的第三次工业革命悄然展开，以高纯硅为代表的半导体材料推动了数字化进程的快速发展，给人们的生活带来了极大的便利。电子邮件、网络会议、远程教学……时至今日，数字化已经完美融入我们的生活之中，半导体材料本身也得到了长足的发展。以同位素级纯硅 −28（^{28}Si）制成的半导体具有更加强劲的性能，有望支撑起未来的量子计算科技，进一步推动科技进步。

计算机的核心部件是中央处理器（CPU）和存储器（RAM），它们是以大规模集成电路为基础建造起来的。这些集成电路都是由半导体材料制作而成，而高

纯硅正是第一代半导体材料。

半导体常用的高纯晶体硅纯度（指硅元素的含量）一般在 99.99% 以上，所含其他元素极少。但目前市面上的绝大多数高纯晶体硅依旧无法满足今后量子计算的需求，因为即使是纯度达到 99.99% 的高纯硅中，仍然有很多"杂质"，会影响半导体的实际应用效果。

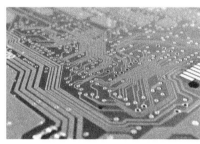

高纯晶体硅用于太阳能发电（左）和计算机芯片（右）

这听起来很奇怪，为什么几乎 100% 纯净的硅中还会有"杂质"的存在呢？其实，天然硅有 3 种稳定性同位素，包括硅 -28[^{28}Si，天然丰度 92.21%（原子分数）]、硅 -29[^{29}Si，天然丰度 4.70%（原子分数）] 和硅 -30[^{30}Si，天然丰度 3.09%（原子分数）]。这三种同位素本质上都是硅，所以不会对硅纯度的测算造成影响，也无法用常规的方法实现分离。硅 -28 在量子计算方面性能优良，但是由于中子数的区别，硅 -29 的存在会导致量子信息的崩溃，所以实际上，硅 -29 扮演着杂质的角色。相关研究表明，硅 -29 的含量每减少至原用量的 1/10，量子计算中的相干时间便可以延长 10 倍。所以说，即使硅纯度达到 99.99% 以上，晶体里面依旧包含了大量同位素意义上的杂质硅 -29，它们阻碍了高纯硅在量子计算领域的进一步应用。

那么，如果我们使用特殊的方法进一步提纯，在普通高纯晶体硅的基础上就可以得到硅 -28 同位素丰度达到 99%（原子分数）以上的硅晶体（简称同位素纯硅 -28 晶体）。因为去掉了另外两种相当于"缺陷"的硅同位素，所以这种晶体具有更加完美的晶格结构。这也导致了用同位素纯硅 -28 制成的半导体器件，具有天然硅所不可比拟的优点：热导率和电子迁移率增加，门电压更低，开关速度更快。由此可制成高速 CPU、大功率半导体器件以及高性能传感器等。

但是为了满足前面所提到的量子计算的要求，需要丰度至少达 99.99%（原子分数）的同位素硅 -28。美国国家标准与技术研究院的团队通过一种类似质谱分析的技术，利用磁场将硅 -28 和硅 -29 分离开，生产出了可能是目前同位素纯度最高的硅（硅 -28 含量为 99.9999%）。这种级别的高纯同位素硅 -28 目前还没办法通过可靠的商业途径获得。我国也在加紧研究这一材料的制备方法，目前清华大学已经成功利用离心分离法制备得到了同位素级纯硅。相信有朝一日，这一材料的商品化将会带动人类科技的进一步飞跃发展。

2. 分毫不差的同位素原子钟

"秒"这个概念，在现代人眼里司空见惯，就是时钟上秒针走过一格的时长。秒针发出"啪嗒"一声，一秒就过去了。但是大家有没有想过，我们印象中的这个"一秒"真的准确吗？秒又是怎么被定义的呢？

1660 年，英国皇家学会近似地将地球表面摆长约 1m 的单摆 1 次摆动的时间定义为 1s，但很显然这样的定义并不精确。而随着科学技术的发展，1956 年，秒被重新定义，以特定历元下的地球公转周期，也就是回归年来定义。虽然回归年可以通过算式推导，比起上一种方法严谨了很多，但是这样得出的"秒"的精度，似乎还是不能让人满意。

能不能让秒的定义再进一步呢？当然可以！量子频率就是这个问题的新答案。

1948年世界上第一台原子钟

它是量子物理学与电子学高度结合的产物，是波谱学在技术应用上最突出的成就之一。物理学家以线宽非常窄的某些原子 [如铯 -133（^{133}Cs）或铷 -87（^{87}Ru）] 的谱线作为标准频率，以校正或控制一般信号发生器的频率。以此为基础，使用量子频率计时的原子钟产生了。1967 年，通过量子频率，秒的定义再次更新❶，稳定度和准确度高达 10^{-16} 和 10^{-14} 数量级。原子钟也成了物理学家探究宇宙本质的新武器。

---

❶ 秒的定义为：铯 -133 原子基态的两个超精细能阶之间跃迁时所辐射的电磁波周期的 9192631770 倍的时间。

轻巧便携的铷-87原子钟

但有趣的是，创造原子钟的物理学家自己也没想到，这项技术有朝一日居然被大量应用到航空航天的导航系统上。星载原子钟作为卫星导航定位系统的关键组成部分，为其提供高精度时间信号，是卫星导航信号和授时信号生成的源泉。它的性能直接决定着导航定位及授时的精度，直接决定着卫星导航系统的自主运行能力，是卫星导航系统的核心部件，也决定着导航卫星的寿命。

目前用在原子钟里的元素有氢、铯、铷三种。铷原子钟体积小、重量轻，铯原子钟、氢原子钟长期性能优异，氢原子钟200万年误差1s，铯、铷原子钟可达到2000万年才相差1s。原子钟技术可以提高航空技术、通信技术，如移动电话和光纤通信等技术的应用水平，同时可用于调节卫星的精确轨道、外层空间的航空和连接太空船等。

星载原子钟可以做到如此高稳定度，其实和铯-133、铷-87同位素本身的特点密不可分。由于辐射频率具有长时间的稳定性，所以铯-133、铷-87原子的共振频率才可以用作基准频率。此外，它们还具有低漂移、抗辐射等特点。

目前我国的北斗卫星导航定位系统主要应用国产星载铷-87原子钟，它由中国科学院武汉物理与数学研究所、北京大学等多家单位联合研制，其稳定度可以小于 5×10^{-14} 秒/天，达到国际一流水平。上海天文台在借鉴国外氢原子钟实验室经验的基础之上，对原有氢原子钟进行了技术改造，并为国家授时中心研制了 SOHM-4 型氢原子钟。北斗三号第三、四颗卫星上均装载了中国航天科工二院 203 所研制的一台高精度铷原子钟和一台上海天文台研制的星载氢原子钟。

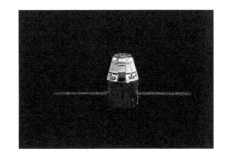

原子钟是保证卫星定位准确的时间标尺

参考文献

[1] 秦治纶. 核电知识介绍[J]. 吉林电力技术，1987，1：76-81.

[2] 戴庆忠，吕坤，陈婷. 低碳经济风生水起 产业拓展审时度势——大有作为的核能发电
[J]. 东方电机，2011，1：1-22.

[3] 文彦，卢川，刘文兴. 美国橡树岭国家实验室对我国反应堆技术发展的启示[J]. 科技视
界，2019，32：98-99.

[4] 曹仲文. 碳化硼材料在核反应堆中的应用与发展[J]. 2006，7：399-400.

[5] 黄益平. 含碳化硼的吸收和屏蔽中子辐射涂料的研究[J]. 天津大学学报，2011，44
（7）：639-644.

[6] 余奥飞. 核聚变原理及其方式探究[J]. 中国高新科技，2019，1：112-114.

（负责人：李虎林；主要编写人员：许博文　田叶盛　王学莹）

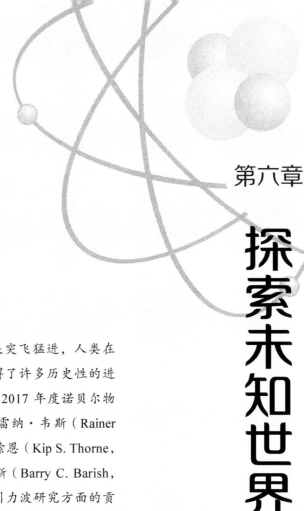

第六章

探索未知世界

近年来，新技术的发展突飞猛进，人类在探索未知世界的过程中取得了许多历史性的进展。以高能物理领域为例，2017 年度诺贝尔物理学奖授予美国物理学家雷纳·韦斯（Rainer Weiss，1932~）、基普·S·索恩（Kip S. Thorne，1940~）和巴里·C·巴里斯（Barry C. Barish，1936~），用以表彰他们在引力波研究方面的贡献；2019 年诺贝尔物理学奖同时颁发给了美国物理学家詹姆斯·皮布尔斯（James Peebles，1935~）、瑞士物理学家米歇尔·马约尔（Michel Mayor，1942~）以及瑞士天文学家迪迪埃·奎洛兹（Didier Queloz，1966~）三位物理学家，以表彰他们在宇宙理论、系外行星领域的发现。与此相呼应的是，许多国家展开了异常热烈的实验物理研究，对宇宙起源、黑洞形成、暗物质等未知领域展开研究。2019 年人类首次拍到了黑洞的照片，将实验物理研究更加推进了一步。

稳定同位素也因具有特殊的物理特性而在这些领域大放异彩，在化学反应示踪、新药开发、疾病诊断、毒品检测、生命代谢等领域都发挥着独到的作用，有了更广泛的应用。

2019年4月10日事件视界望远镜（EHT）国际合作项目拍到的第一张黑洞照片，
进一步证明了爱因斯坦广义相对论的正确性（图片来源：EHT Collaboration）

第一节　化学反应机理研究

化学是一门很有趣的学科，它不仅存在于实验室，还存在于我们生活的每一件小事之中，可以解释我们周围发生的很多现象。我们点一根火柴、烧一道菜，甚至每一次呼吸，都伴随着化学反应的发生。比如糖醋排骨这道美食，就涉及焦糖化反应、美拉德反应和酯化反应，其中酯化反应就是料酒中的乙醇和食醋中的醋酸发生的化学反应，也称为"生香反应"。

生活中的化学反应

那么你知道这些化学反应是怎么发生的吗？反应里面究竟发生了什么？反应前的原料化合物中的某元素，经过了化学反应，去到哪个产物中了呢？这些问题都可以通过稳定同位素示踪技术来解决。

稳定同位素示踪技术：利用经富集的稳定同位素制备的标记化合物作为示踪剂，研究各种物理、化学、生物、环境和材料等领域中物质变化过程的技术。

1. 酯化反应的机理

上述提到，糖醋排骨这道美食中，涉及了酯化反应。这是化学学科中的一个重要反应类型，它的断键规则可以通俗地理解为"酸脱羟基、醇脱氢"。那么最开始人们是怎么总结出来这一规则的呢？用的就是稳定同位素示踪技术。

科学家们用稳定同位素 ^{18}O 标记后的乙醇（$C_2H_5^{18}OH$）作为示踪剂，然后通过高分辨质谱仪分析产物乙酸乙酯和水。结果表明，乙酸乙酯中含有 ^{18}O 原子，而水中没有检测到 ^{18}O 原子的存在，这说明乙酸乙酯中的 ^{18}O 原子来自原料乙醇中的氧，而产物水的氧原子则来自原料乙酸中的羟基。

$$\text{O} \quad \text{OH} + \quad {}^{18}\text{OH} \longrightarrow \quad \text{O} \quad {}^{18}\text{O} + H_2O$$

用^{18}O标记示踪剂验证酯化反应机理

稳定同位素示踪技术作为化学反应机理阐释的"试金石"，不仅可以用于已知化学反应机理的探究和验证，对于一些新发现的复杂化学反应同样适用，如碳资源循环利用、天然产物的热裂解等。

2. 碳资源循环利用的机理

二氧化碳（CO_2）是一种常见的温室气体。近年来，地球上的温室效应越来越明显，节能减排已经成为世界性话题。面对日益严重的能源危机、环境污染和温室效应等困扰全人类的问题，利用光催化、电催化、光电催化及热催化等技术，将 CO_2 转化为可利用的甲烷、甲醇、乙醇等化学燃料，是目前实现碳资源循环利用的主要研究方向之一，但也是科学界的难题。那么，如何确定通过这些转化得到的化学燃料是由 CO_2 转化而来的？转化率又是多少？利用稳定同位素示踪法可

以轻松解决这些问题。

中国科学院大连化学物理研究所与福州大学合作开发了一种在可见光下将 CO_2 和 H_2O 高效转化为甲烷（CH_4），实现太阳能人工光合成燃料的方法，其化学反应方程式为：

$$CO_2 + 2H_2O \xrightarrow[\text{SiC@MoS}_2]{\text{光}} CH_4 + 2O_2$$

光催化CO_2生成CH_4反应方程式

在这项研究中，为了确证 CH_4 的生成途径，研究人员以稳定同位素示踪剂 $^{13}CO_2$ 为反应物，并用 $^{12}CO_2$ 作为对照实验。在相同条件下，进行同位素示踪实验，采用气相色谱-质谱联用法对产物进行分析测试，证实了产物 $^{13}CH_4$ 来自 $^{13}CO_2$，而且碳的选择性几乎达到了 100%。

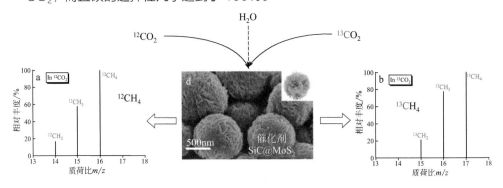

$^{13}CO_2$示踪实验

利用稳定同位素碳-13，将光催化下 CO_2 转化为 CH_4 的反应过程阐释清楚，这对于利用太阳光人工合成燃料这一世界性难题的研究具有重要意义，也为人工光合成燃料提供了一条新的途径。

德国化学家弗里茨·哈伯
（1868—1934年）

3. 百年难题"人工固氮"的机理

植物的生长需要大量的氮肥，而空气中含有大量的氮气（体积分数 78.08%），所以科学家们一直致力于通过化学合成的方式将空气中的氮气转化为氮肥。1909 年，德国化学家弗里茨·哈伯（Fritz Haber，1868—1934 年）首次完成了由空气在高

温高压下合成氨的工业化生产，使人类从此摆脱了依靠天然氮肥的被动局面，为人类文明做出了不可磨灭的贡献，也因此获得了诺贝尔化学奖。

然而，该工艺也存在着高耗能（高温高压）、高排放（产生 N_2O 温室气体）的缺点。因此，科学家们一直在寻找一种新的人工固氮的方法。那么，如果想要开发一种新的方法，首先应该搞清楚它的反应机理，也就是氮原子在从空气到氨这一过程中的走向。

科学家们利用稳定同位素标记的 $^{15}N_2$ 作为示踪剂进行了实验，以验证理论计算得出的反应机理。在实验过程中，他们通过电化学的方法，将空气中的氮气氧化合成硝酸，然后再利用硝酸根进行还原氢化合成氨。

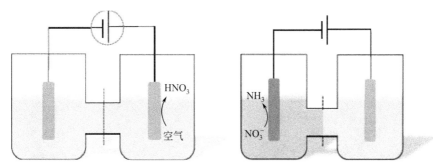

利用空气中的氮气合成氨

也就是说，研究者们通过将先还原再氧化的"氮气→氨→硝酸"这一传统途径，改变为先氧化再还原的"空气→硝酸→氨"这一新途径，证明了产物硝酸和氨中的氮原子来自氮气和硝酸根。另外，这种新固氮方法所需的电能可以通过风能、太阳能等清洁途径获得，在工业应用中可以实现绿色生产。

第二节　新药开发

1."药半功倍"的氘代药物

（1）什么是氘代药物？

氘是氢的一种稳定同位素，比氢多一个中子，也称为重氢。用氘代替原有药物

分子结构中的氢，使改性药物具有更好的疗效与更小的副作用，这就是所谓的氘代药物。

改变一个原子，就能提高药效，这听上去似乎有些不可思议。为什么氘代药物会有这种神奇的效果呢？

原因很简单，因为药物代谢大多要经历 C—H 键的断裂。氘的原子量比氢大，碳和氘形成的键会在较低的频率上振动，使得 C—D 键比 C—H 键更加稳定（6～9倍）。简而言之就是：C—D 键"生存"需要的能量比 C—H 键低，而拆散 C—D 键的结合需要更大的"动力"。也正因为打破 C—D 共价键比 C—H 键需要更多的能量，当化合物中的 H 被 D 取代后，化学反应的速率将显著减缓。

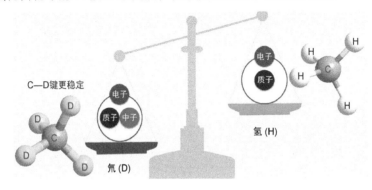

C—D键和C—H键示意图

如果碳氢键的断裂涉及新陈代谢的关键步骤，那更稳定的氘代化合物在生物体内的代谢过程必然会减慢或者中止。所以根据这一理论，将药物分子中特定部位的氢用氘取代后，可能会封闭代谢位点、减少有毒代谢物的生成。

同样，氘代药物可以减缓人体药物代谢的速度，从而延长药物在体内的半衰期，也就是我们常说的有更长时间的药效。在这种情况下，我们可以通过降低单次用药剂量，同时在不影响药效情况下实现降低药物毒副作用的目标。

（2）氘代药物的历史

其实，氘代药物并不是一个现在才有的概念。早在 1961 年，渥太华大学和施贵宝公司的研究人员就报道过类似的情况：调节交感神经系统的一种小分子的氢原子被氘置换以后，能显著改善这种化合物的体内代谢特征。这是第一篇关于氘代药物研究的报道，发表在著名的《Science》期刊上。

吗啡与氘代吗啡的代谢试验

同年，美国科学家埃里森用氘替换吗啡甲基上的氢后，发现吗啡在小鼠中的脱甲基化速率减慢。这可以显著降低吗啡对小鼠的效力和致死率，减少相关药物的使用。

在之后的几十年里，有多家制药公司试图采用这种理念开发新药，但都没有结果。2017 年，美国食品药品监督管理局（FDA）批准了世界上首个氘代药物——氘代丁苯那嗪。该药物可用于治疗亨廷顿舞蹈症引发的异常不自主运动。

丁苯那嗪和氘代丁苯那嗪结构图

一直以来，丁苯那嗪是亨廷顿舞蹈症的主流治疗药物，但是该药物的缺点是药效时长很短，导致患者每天需要服药 2~3 次，而且还会出现戒断症状。因此，药物学家希望通过氘代来改进该药物。

丁苯那嗪结构中的甲氧基是代谢的关键点。据此，用 6 个氘替换丁苯那嗪药物中两个甲氧基上的 6 个氢原子后，形成一种新的氘代药物，就是氘代丁苯那嗪。临床研究表明，氘代丁苯那嗪每日服用 24 ~ 36mg 即可显著减少迟发性运动障碍，而丁苯那嗪根据患者情况差异，每天最多给药剂量可达 100mg。而且根据临床疗效总评量表，服用氘代丁苯那嗪的患者治疗成功率为 42%，安慰剂对照组仅为 13%。

氘代丁苯那嗪是首个正式上市的氘代药物，商品名为 Austedo™。据预测，到 2023 年该药物的销售额将达到 8.5 亿美元。目前国内也有多家新药研发企业在进行氘代药物方面的研究。

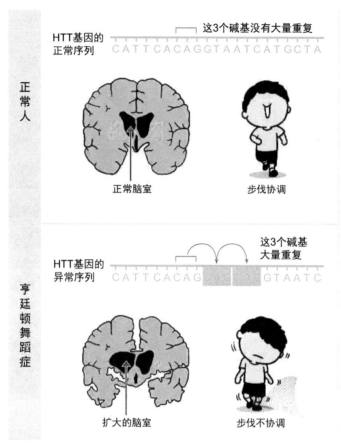

亨廷顿舞蹈症正常人与患者示意图（图片来源于《科普中国》）

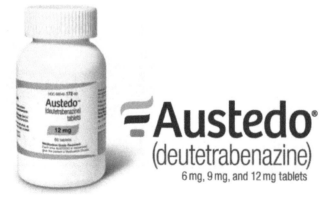

氘代丁苯那嗪（Austedo™）药物实图

（3）氘代药物是怎么合成的？

说了这么多氘代药物的好处，那药物学家又是用什么方法将药物结构中的氢原子替换成氘原子的呢？根据氘标记化合物的合成方法理论，氘代药物的合成方法主要有化学合成法和氢氘交换法。

① 化学合成法。化学合成法是运用普通的化学反应原理，用氘代原料替换普通试剂，通过化学合成的方法制备氘标记化合物，该方法同样适用于稳定同位素 ^{13}C、^{15}N、^{18}O 标记化合物的合成。该方法的优点是可以实现定位标记，且氘代率较高；缺点是合成步骤多、收率低。

常用的氘代原料有氘气（D_2）、重水（D_2O）、氘代碘甲烷（CD_3I）、氘代甲醇（CD_4O）、氘代乙醇（C_2D_6O）、氘代苯（C_6D_6）、硼氘化钠（$NaBD_4$）、氘化锂铝（$LiAlD_4$）等。涉及的化学反应种类包括烷基化反应、不饱和键的还原反应、去官能团化反应等。

② 氢氘交换法。氢氘交换法是指在氘代溶剂中，利用化合物中的活泼氢，在催化剂作用下，与氘代溶剂中的活泼氘进行交换制备氘代化合物。该方法的优点是反应体系简单、步骤少、收率高；但存在着很难实现定位标记、氘代率不高的缺点，通常需要在过量的氘代溶剂中通过多次交换来提高目标物的氘代率。

2. 药物毒性的检测

"是药三分毒"，药物一般都有副作用。安全与有效是新药研发贯穿始终、相互依存的两个对立面。现在每一个药物的说明书上除了适应症状与用药剂量之外，一定会有对其副作用的警告，严重的还会有"黑框警告"。

药物的副作用和潜在毒性不可忽视

就拿最常见的阿司匹林来说，在市场上这么多年了，大概很少有人还会认为服用阿司匹林有什么不安全的，但它的说明书上清清楚楚地写着：服用此药有可能导致胃肠道出血。最近一项来自意大利的跟踪研究数据显示，在 18.6 万例长期服用低剂量阿司匹林的人群里，胃肠道出血的有 2300 个病例（占 1.2%），脑出血的有 1300 个病例（占 0.7%）。

非常常见的药物——阿司匹林

药物说明书中的"黑框警告"，就是药物的潜在毒性。药物研发过程中，潜在毒性试验主要包括遗传毒性试验、急性毒性试验、胚胎毒性试验、心脏毒性试验。那么在药物的研发过程中，用什么方法可以快速地从大量的候选药物中筛选出毒性较小的候选药物，并找出药物的这些潜在毒性呢？

以往的方案是采用大量的化合物进行体外实验和动物实验，这需要花费大量的金钱和时间，但即使如此，也不能准确地解释毒性产生的机理。不过，将稳定同位素标记药物给动物服用后，就可以发挥其特有的示踪作用，不仅可以追踪药物的代谢过程，从而找出毒性产生的原因，还可以预测潜在的一些毒性。

3. 药代动力学研究

2018 年国产大片《我不是药神》讲述了主角程勇从一个交不起房租的药店老板，一跃成为印度仿制药"格列宁"独家代理商的故事。事实上，这个故事还真有其事，影片中"程勇"的原型叫陆勇，是一名慢粒白血病患者；"格列宁"也真有其药，诺华公司的"格列卫"就是其原研药；而且，仿制药与原研药之间的价格差距还真就这么悬殊。

仿制药并不是"假药"，它是指在一些方面与原研药相同的一种仿制品，包括剂量、安全性和效力（不管如何服用）、质量、作用以及适应症等。仿制药上市前必须进行药代动力学研究，以确保药物在质量和疗效上与原研药能够一致，也就是所谓的"生物等效性"。如此可以使普通老百姓也能看得起病、吃得起药。

生物等效性：仿制药与原研药的临床药代动力学比较数据。只有在仿制药的药代动力学指标进入了原研药的误差范围之内，仿制药的生产厂商才能确定该仿制药与原研药具有"生物等效性"，药监局才会批准其上市。

那么，稳定同位素又是如何在药代动力学研究过程中发挥作用的呢？

稳定同位素技术在药代动力学研究中的作用主要有两种。首先是同位素稀释质谱法，以同位素作内标，准确地对血药浓度进行监测。关于同位素稀释质谱法，我们在第三章中已经介绍，它被公认为复杂的样品基质中微量待测物含量测定的"金标准"。在这种技术的应用过程中，稳定同位素标记的药物只在取得血样后的检测环节发挥作用。

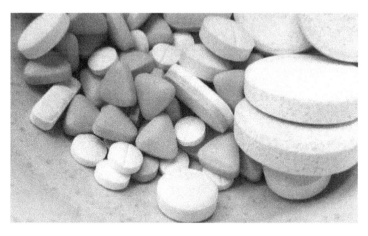

仿制药价廉物美，但是也要通过药代动力学研究

稳定同位素技术的另一种用途，便是消除个体内误差。由于人体存在每天 24 小时的节律变化，血流动力学也不是恒定不变的。这就导致对于一些代谢快的药物，会有较大的个体内差异，交叉实验并不能消除这种差异。在给药环节，分别给受试者服用经过同位素标记及未经标记的药物，这种手法可以消除研究中个体

内差异。

国外科学家曾经使用同位素标记药物和普通药物做过一组对比实验。同位素标记的药物结果较为正常，普通药物的相对生物利用率则高达 190%，这可能就是由于个体内误差所导致。

由此可见，稳定同位素标记药物在药代动力学实验中既可以作为"分析内标"，在样本前处理时加入，起到避免实验误差、提高测试精准度的作用；也可以作为"生物内标"，与未标记药物一同作用于人体，以消除由于不同时间给药引起的个体内误差，测试药物在临床特定情况下的药代动力学特征。

第三节　超极化磁共振人体成像

从古至今，人们一直对自己的身体充满好奇。人体到底是怎么运行的？人又为什么会生病？这些问题一直吸引着无数学者进行研究和讨论。从中医的经脉穴位理论，到后来西方解剖学的兴起，再到近代影像学 CT、X 射线检测，我们似乎在一步步靠近这些问题的谜底，但是这些方法终究还是让人感觉雾里看花，不够清晰直观。

随着现代科技的发展，人们发现了稳定同位素碳 -13（^{13}C）、氙 -129（^{129}Xe）在活体成像方面的巨大潜能。通过超极化磁共振技术，人们实现了生理功能和代谢情况的监测，终于又为我们在这些问题的解决进程上推动了一大步。

1. 氙 -129 超极化探针诊断肺癌

肺部疾病一直是人类健康的一大"隐形杀手"。根据世界卫生组织 2016 年公布的《全球疾病负担》报告显示，肺癌已经成为全球十大癌症负担排行榜的第一名。但是，受限于现有的医疗技术手段，目前肺癌治疗成功的关键仍在于尽早地发现和治疗，对于晚期肺癌的扩散和转移，依然缺乏有效的治疗方案。因此发展对肺部疾病的影像学诊断技术刻不容缓。

空气污染已经成为人类肺部健康的无声杀手

　　临床研究表明，早期的肺部病变往往首先表现在肺部功能状态的改变。但遗憾的是，目前作为肺部显像学检查的首选手段，X 射线检查和计算机断层显像技术，也就是我们常说的拍片和 CT，只能对病变部位成像，无法对生理功能进行检查，所以等到发现的时候，肺癌常常已经进入了晚期，因此诊疗效果并不乐观。

　　既然常用的拍片和 CT 没办法检查器官的生理功能，那有没有技术可以做到通过对生理功能检查发现早期癌变呢？答案是肯定的。磁共振成像（MRI）是一种活体状态下获取人体内部高质量图像的成像技术，具备无放射性伤害、对病变组织敏感等优点。除了横断面图像外，磁共振技术还可以直接获得矢状面、冠状面乃至横轴面的图像。

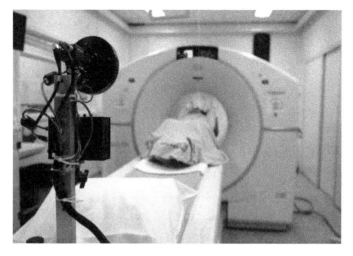

现阶段临床已使用的磁共振技术(MRI)

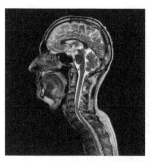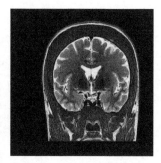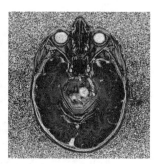

使用磁共振得到的矢状面（左）、冠状面（中）以及横轴面（右）图像

磁共振技术不但能从形态上，而且能从新陈代谢情况上诊断各种疾病，具有明显的优势，有望成为肺癌诊断的新利器。但磁共振技术在实际肺部检测应用的时候同样遇到了麻烦。因为肺部大多为气泡和空腔组织，磁共振所依赖的水质子密度太低，导致磁共振的灵敏度不足以在这种情况下顺利成像。这个坏消息无疑让肺癌早期确诊这一目标蒙上了一层阴影。

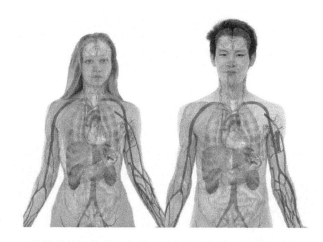

传统磁共振能利用水质子对人体大部分区域进行成像

既然依赖水质子的传统磁共振灵敏度不够，科学家只能转而去寻求其他高灵敏度的探测介质。这个时候，稳定同位素氙-129引起了研究者们的注意，它作为一种惰性的单原子分子，其外层电子云对周围环境变化十分敏感，能敏锐地反映所处环境的变化。而且氙-129在生物组织和人体内并不存在，在成像的时候就不会有背景信号，可以获得高对比度的图像，因此它具备作为磁共振成像探针的潜力。但即便如此，氙-129的灵敏度依然离肺部磁共振的要求有一定距离。不过，

科学家们通过一些特定的物理和化学手段，使氙－129 发生超极化，而超极化状态下氙－129 磁共振灵敏度可以达到传统磁共振的 10000 倍以上，堪比一台超高像素的"相机"，成功满足了磁共振灵敏度的要求。

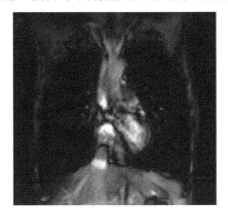 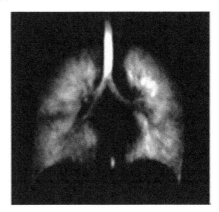

超极化氙-129磁共振成像技术得到的肺部影像

在临床诊断中，患者只需通过深呼吸，将准备好的超极化氙－129 气体全部吸入，然后憋气 10s 左右，医生就可以通过磁共振仪得到肺部完整的影像。在此过程中，进入肺部的超极化气体会充满整个肺部，然后发出很强的磁共振信号。外围的探测器不断接收这些信号，并进行解码，给出患者的肺部结构图。事实证明，超极化氙－129 磁共振成像适用于肺部疾病的早期诊断，是一种非侵入式安全有效的成像方法，成功"点亮"了肺部这一传统意义上的盲区。

超极化氙－129 磁共振成像技术，利用其成像方式的多样性可以对肺部的形态与功能进行多方面评估，这些影像不仅能反映肺部的形态学信息，也可以提供重要的肺部气体交换功能信息。所以说，这一方法不仅可以清晰地看到患者的病变部分，也能提供衡量肺部健康的重要指标——肺部气气交换和气血交换功能指标。因此，这项技术对帮助

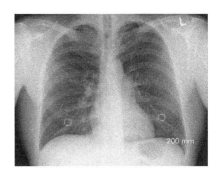

超极化氙-129磁共振成像探测肺功能

医生评估患者病情、了解整个疾病的发病过程、预后的判断乃至对新药物疗效的评价，都会有很好的帮助。

目前，国内外医学界都意识到了超极化氙－129 磁共振成像的潜力，正在积极

开展相关方面的研究，完善这一技术；尤其随着氙同位素生产技术的成熟以及超极化仪器的普及，可以相信在不久的将来，超极化氙-129磁共振成像技术将真正走进医院，真正成为诊断肺部癌症病变的"新利器"，从而做到早发现、早治疗，有效控制肺癌的死亡率。

2. 碳 -13 超极化探针

俗话说，人吃五谷杂粮，哪能不得病？有的疾病来势汹汹，比如急性肠胃炎，我们能明显感受到它们带来的多种不适症状：恶心、腹泻、胃疼、浑身乏力等。这些症状很明显地在告诫我们：该去看医生啦！及时就医、遵循医嘱能够帮助我们很大程度上规避掉急性病症所带来的风险。

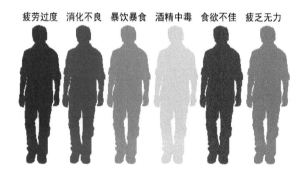

慢性病早期的症状往往不甚明显

但是别忘了，非急性病也是人类健康的大敌。面对一些早期症状不是很明显的疾病，由于人们不会感到明显的不适，所以往往导致错过最佳诊疗时机。比如肿瘤病变的早期，患者会食欲上涨但却日渐消瘦；或者是慢性胃炎，患者只是感觉食欲不振。这些细微的变化虽然容易被人忽视，但其实它们都属于代谢变化。可以说，代谢变化是疾病诊断的风向标，很多心脑血管疾病、糖尿病和炎症，也都可以从代谢变化这一点看出端倪。

那么有没有好的方法可以让人们看到体内各种物质代谢的过程呢？我们知道，在化学反应机理研究中，科学家们常常会使用稳定同位素（如氘、碳-13、氮-15等）对化合物进行标记，然后追踪稳定同位素这个"导航器"，揭示化学反应中的奥秘。人体其实也是由各种化学元素组成，其实代谢过程本质也就是化学反应，那么类比一下的话，人体的代谢过程是不是也可以用这种同位素标记法进行解密

呢？答案是肯定的。

但在进行探究之前，我们还需要解决两个关键问题：一是用哪一种稳定同位素进行标记。这种元素必须在体内大量存在，才能具有较好的普适性；并且检测仪器必须对这种元素灵敏度很高，才能够在复杂的人体内准确地进行成像。二是需要确定承载这种稳定同位素标记的

丙酮酸是良好的搭载器

化合物。就好比特效药需要胶囊承载送到病变区域一样，稳定同位素在作为"导航器"产生效果之前，肯定也需要某个化合物作为载体，才能把它投放到关键的地方。这种化合物最好在人体内广泛存在且参与代谢反应，这样才能更多地反映人体代谢的实际情况。

碳是绝大多数有机分子的骨架，因此在人体内也大量存在，很适合作为"导航器"元素参与代谢变化研究。进行超极化后的碳-13磁共振成像技术信号强度增加了10000多倍，可以轻松地被相关仪器捕获到，能够对人体代谢过程进行很好的描述。因此，超极化碳-13就顺理成章地成为示踪代谢的目标元素。

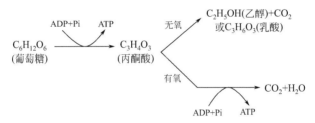

丙酮酸代谢过程示意图

第一个问题得到了解决，那接下来就是需要选择一个合适的含碳化合物作"搭载器"了。丙酮酸作为一种含碳化合物，是心肌和其他组织中广泛存在的一种天然代谢燃料和抗氧化物质，在促进心肌细胞存活方面具有重要作用。它可以直接还原成乳酸供能，也可以进入三羧酸循环，被氧化成二氧化碳和水，完成葡萄糖的供能过程，实现体内营养物质之间的相互转化，是一个重要的反应枢纽。

所以综合观察，超极化碳-13标记的丙酮酸是一种非常有潜力的人体代谢研究武器。按照科学家们的预期，使用超极化碳-13标记的丙酮酸之后，人们只需对碳-13进行信号追踪就可以了解人体的代谢变化。因为一旦人体内产生某种疾

病，代谢产生明显变化，对应代谢物中的碳－13信号也会马上发生相应改变，我们马上就可以据此进行诊断，尽早发现疾病进行诊疗。

这种技术的优势在于它可以实时监测癌症治疗的过程，病情的好转与否可以通过碳－13丙酮酸的代谢结果直观表达。目前，该项技术已得到前列腺癌、乳腺癌等实例的实验数据支撑。比如，在前列腺癌的诊断过程中，医生使用超极化碳－13丙酮酸探针进行磁共振检测，可以在肿瘤组织处捕捉到很高的碳－13乳酸盐的信号。与监测区域的总碳信号比对之后，医生就可以得出肿瘤的代谢概况。根据患者的实际代谢情况与前列腺癌的特征性代谢概况进行比对后，就可以将肿瘤定性为早期原发性肿瘤（低级别肿瘤）、晚期原发性肿瘤（高级别肿瘤）或是转移灶肿瘤三种级别中的一种。

由此可见，可以灵活鉴别肿瘤等级的超极化碳－13磁共振技术，在未来有望成为众多癌症早期诊疗的新福音。

第四节　毒品侦察

2011年10月，金三角地区发生了震惊中外的湄公河惨案：13名中国船员在湄公河金三角水域被残忍杀害，并且船上搜出了约90万颗冰毒。金三角地区盛产罂粟，是世人眼中的"三不管"地带，更是闻名世界的毒品王国。为了给同胞洗刷冤屈，此案发生后，中国迅速联合老挝、缅甸、泰国成立专案组进行调查，经过十个月的缜密行动，终于抓获了真凶——当地特大武装贩毒集团"糯康集团"。

事实上，缉毒工作不仅要靠警员们的出生入死，还需借助仪器分析技术。毒品鉴定是刑事科学技术工作的重要组成部分，是揭露和证实贩毒等毒品犯罪行为的重要技术手段，在禁毒工作中具有十分重要的情报作用。因为只有通过分析手段确认了缴获的毒品，司法机关才能通过法律武器让毒贩得到应有的制裁。

那么，毒品通常是用什么方法分析的呢？对于从复杂环境中提取的毛发、唾液等物证，科技人员是通过什么方法鉴定其中的微量毒品呢？缉毒警察查获毒品后，又是通过什么手段来确定这个毒品的来源地呢？这些毒品侦查方方面面的问题，当然也少不了稳定性同位素的帮助。

1. 毒品检验的常用分析方法

根据《中华人民共和国刑法》第 357 条规定，毒品是指鸦片、海洛因、甲基苯丙胺（冰毒）、吗啡、大麻、可卡因以及国家规定管制的其他能够使人形成瘾癖的麻醉药品和精神药品。

据统计，2017 年，约有 2.71 亿人在前一年使用过毒品，占全球 15 ~ 64 岁的人口的 5.5%；而根据《2019 年世界毒品问题报告》显示，全球 3500 万人患有药物滥用障碍，仅 1/7 的人获得治疗。

毒品的分类

所以说，毒品问题远比我们想象得要严重，针对不同种类毒品的鉴别技术也显得更加关键。这门技术需要很好地解决三个问题：首先是确定被检样品是否为毒品；然后再确定是哪种类型的毒品；最后再对毒品进行溯源分析，也就是我们常说的毒品来自哪里。

毒品分析的复杂性、高难度性和本身具有的一些特点，使得毒品分析几乎涉及分析化学的所有技术。早期，毒品检验主要采用化学分析的方法来完成，如化学显色法。

随着仪器分析技术的发展与成熟，分子光谱法（如荧光分析法、激光拉曼技术、傅里叶变换红外光谱、化学发光法等）、色谱法（薄层色谱法、液相色谱法、气相色谱法等）、色质联用法以及毛细管电泳等仪器分析方法成为毒品检验分析的主要手段。在毒品分析中，上述方法各有千秋，互相配合以达到检测要求。

毒品分析的常用手段

毒品的检测一般分为两个步骤：一是现场快速检测，确定是否为毒品；二是详细、细致的实验室分析，以确证毒品的类型及来源地。其中，化学显色法和薄

层色谱法适用于现场快速检测，而色质联用法、光谱法、毛细管电泳法则适用于毒品的实验室检测。在实验室毒品检测中，运用同位素稀释质谱法（IDMS）的色质联用法可以精确检测出毛发等复杂样本中的痕量毒品，运用同位素比质谱法（IRMS）可以完成对毒品的溯源工作。

2. 痕量毒品鉴定的"新武器"

毒品一经吸食，会相应地在人体的尿液、血液、唾液、毛发等留下痕迹，成为认定吸毒违法行为的证据。按照技术规范采集吸毒嫌疑人的毛发，然后通过分析仪器检验毛发中的痕量毒品，称为"毛发检毒"。"毛发检毒"技术相比尿液、血液、唾液等其他生物检材检测技术有其独特的优势：毛发样品的采集可在任意场所进行，性质稳定可长期保存且不易作假。

毛发验毒采样

以头发为例，通常人体头发的生长速度大约是 1cm/ 月，毒品及其代谢物也会随着头发的生长分布在头发的不同部位。也就是说，如果头发足够长，就可以检测出涉毒人员数月甚至数年的吸毒史。然而，毛发中毒品及代谢物的含量非常少，因此仪器检测灵敏度必须非常高。

以稳定同位素标记物作为基准的同位素稀释质谱法，是实验室质量控制的重要手段。采用同位素内标法，通过色谱 - 质谱联用的分析方法，最低检测限可以达到 2 ng/mL，并且有效地防止了实验测定结果的偏差。使用这一方法，可以有效满足"毛发验毒"的要求，为缉毒工作提供便利。

另外，通过检测某一区域污水中毒品代谢物的浓度，可以在一定程度上反映该区域的毒品滥用情况，也就是"污水验毒"。毒品经吸毒者吸食代谢后经下水道进入城市污水管网系统，除大部分汇集于污水处理厂外，还有一部分进入河流、湖泊。这意味着污水中毒品代谢物的浓度非常低，且样品的成分也非常复杂。同样，以同位素标记试剂作为基准，运用同位素稀释质谱法，可以精确地检测出某一区域城市污水中的痕量毒品。

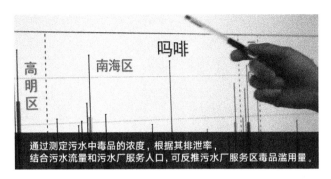

通过测定污水中毒品的浓度，根据其排泄率，
结合污水流量和污水厂服务人口，可反推污水厂服务区毒品滥用量。

可用于毒品普查的"污水验毒"法

例如，浙江警察学院的研究者们通过采集京杭大运河、钱塘江、湘湖和不同区域污水处理厂的水样，以稳定同位素氘标记的甲基苯丙胺 $-D_5$、氯胺酮 $-D_4$ 和 6- 乙酰吗啡 $-D_3$ 为基准，以市售纯净水作为对照样，对所采集的水样进行痕量毒品检测。通过实验室检测结果可以得出的结论是：在人口密度较大、娱乐场所较多的城市中心污水处理厂，检测出的毒品浓度明显高于郊区的污水处理厂。

这一技术为污水分析法评估毒品滥用量提供了重要的分析手段，也对在开展禁毒工作中准确掌握毒品的滥用种类、滥用量和趋势等信息提供了重要的指导意义。据了解，从 2018 年开始，我国城市生活污水毒情监测开始大范围应用，国家毒品实验室对全国 36 个重点城市生活污水进行了全方位的监测，其监测结果与当地毒情形势具有高度的关联性。

3. 毒品溯源推断的"利器"

在缴获的海洛因的分析鉴定中，物证分析工作者一直试图确认它们是否来自同一批次；它们的来源是哪里？是否来自特定的区域？随着分析技术的进步，现在有了新的检测方法——同位素溯源法：像人的身份证、指纹一样，毒品也有自己独特的"身份信息"。

我国目前对毒品产地的溯源主要还是围绕"毒王"海洛因展开。为了搞清楚海洛因的产地来源，首先要知道海洛因是怎么来的。

（1）"毒王"海洛因的来源

要追溯海洛因的来源，就不得不谈到鸦片和吗啡。鸦片是一种罂粟提取物，将罂粟的未成熟蒴果轻轻切开，在切口处涌出的白色浮汁干燥之后，形成的提炼

物就是鸦片；而吗啡是鸦片的分离产物，1806 年德国科学家泽尔蒂尼将鸦片中的镇痛成分分离出来，用于救治战争中受伤的士兵；海洛因是一种半合成化学物质，将吗啡用乙酸酐进行乙酰化反应后，得到的产物就是海洛因。

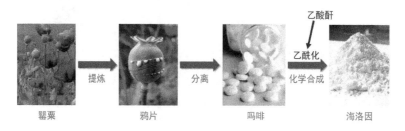

海洛因的来源示意图

由此可见，海洛因的源头就是罂粟。追踪海洛因产地的关键，就是追踪罂粟的产地。

（2）海洛因的"身份证"——同位素标签

我们知道，在自然界中，天然化合物（罂粟）中的 ^{13}C、^{15}N、^2H、^{18}O 的同位素丰度值，会随着地理位置、气候、收获时间等外部因素的影响而发生变化，而这个稳定同位素比值就是"同位素标签"。对这些稳定同位素比值进行测定，如检测其主要成分中的 $^{13}C/^{12}C$、$^{15}N/^{14}N$、$^2H/^1H$、$^{18}O/^{16}O$ 同位素的比例，就可以给出这一天然化合物的产地等信息。

海洛因是由吗啡经乙酰化反应得到，因此，海洛因的 ^{13}C 同位素比值（通常简写为 $\delta^{13}C$）来自两部分的贡献，一部分是吗啡，另一部分是乙酰基团。前者是天然的，而后者是化学合成的。因此，我们只要排除了乙酰化基团的 $\delta^{13}C$ 贡献值，就可以得到以罂粟为来源的海洛因的 $\delta^{13}C$ 值，这就是海洛因的"身份证"。

（3）怎么测定？

根据上面提到的原理，要想获得海洛因的"身份证"，先需要将缴获的海洛因通过水解反应生成吗啡，然后再通过分析手段进行 $\delta^{13}C$ 值的测定。目前最常用的测定 $\delta^{13}C$ 值的手段是气相色谱 - 燃烧 - 同位素比值质谱法（简称 GC-C-IRMS）。

海洛因水解后得到的吗啡样品，先经气相色谱柱分离，然后进入毛细管燃烧炉燃烧，有机物中的碳经燃烧转变成二氧化碳，最后通过质谱仪获得质荷比为 44、45、46 的二氧化碳信号，从而得到被测物的 $\delta^{13}C$ 值。

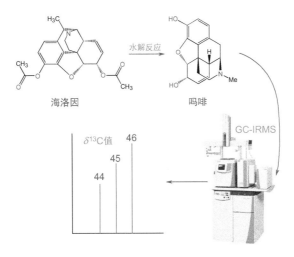

海洛因的产地溯源鉴定过程

只要拿到了毒品的同位素信息，就很有把握能找到它的来源产地。这一方法被认为是一种非常适用于非法海洛因样品产地来源分析的方法，在法证科学中有重要的应用前景。

4. 兴奋剂检测

兴奋剂是加速和增强中枢神经系统活动，使人处于强烈兴奋、具有成瘾性的精神药品。兴奋剂的种类繁多，大多通过人工合成，常见的有冰毒及其衍生物、摇头丸、可卡因等。在各大体育赛事中，兴奋剂检测一直是反兴奋剂工作中的一项重要内容。

兴奋剂检测一直是反兴奋剂工作的重点

那么，兴奋剂是如何检测的呢？兴奋剂检测通常通过采集运动员的尿液与血液样本，通过检测样本中兴奋剂或其相关代谢产物来确定运动员是否使用了兴奋剂。除了运动员故意服用的兴奋剂以外，还有一些激素是人体自身产生的，也就是所谓的"内源性"兴奋剂和"外源性"兴奋剂，区分这两者难度更大。

而以稳定性同位素为基准，依靠稳定同位素比质谱法（IRMS），可以区分检出的兴奋剂是内源性的还是外源性的。例如，冬青奥会速滑冠军李岩哲在 2017 年 2 月的赛外检查中被发现兴奋剂违规，就是采用了稳定同位素比质谱技术来确认其样品中含有外源性兴奋剂的代谢产物。

第五节　导航定位

2003 年，第二次海湾战争爆发，美国动用了众多先进武器进攻伊拉克。当时的伊拉克也拥有庞大的坦克装甲、空军、火炮及火箭弹装备，但他们在高科技武器的攻势面前，毫无还手之力。美军投放的精确制导导弹，迅速瓦解了伊拉克军队的防线。这种导弹高达 90% 的命中率，可以说是做到了"指哪打哪"。

相比于传统的以数量弥补命中率的火箭弹，精确制导武器如此高的命中

现代战争的主角——精确制导武器

率在震惊世界的同时，也再次提醒了各国：未来战争中，科技所占的比重将大大超过人所占的。一枚精确制导的导弹可能要比一整支军队更加有威胁。因此，加快定位系统的研究，拥有独立、精准、可靠的导航系统对于我国的战略意义非常之大，而稳定性同位素氖与氙在定位导航领域恰好可以发挥巨大的作用。

目前常见的导航方式是卫星导航，如著名的全球定位系统（GPS）和我国自主研发的北斗卫星导航系统（BDS）。两者都在军用和民用的精确定位领域中有着广泛的应用，但是卫星导航有一些致命弱点：一方面它的信号容易被外界

干扰，另一方面在一些特殊环境（如洞穴、深海）中信号强度不足，大大影响其导航能力。所以当我们开车经过地下隧道的时候，车载导航系统往往无法正常进行工作。这些问题在军事领域是很难被忽略的，因此，为了实现武器的精确制导，我们需要使用更加独立可靠的导航系统。

惯性导航系统（INS）作为一种自主式导航系统，不受时间、环境和地域的限制，且具有极高的隐蔽性，所以它在GPS和BDS无法正常工作的特殊环境下依然可实现运载体的精确导航，是目前精确制导领域的首选。该系统结合了陀螺仪、芯片原子钟和加速度计等高新技术，

最常用的卫星导航系统——全球定位系统

通过它们提供的信息进行一系列复杂的运算得到运载体的速度、姿态和位置信息，进而实现运载体的控制。由于芯片原子钟和加速度计精度的快速提高，陀螺仪的精度制约了惯性导航性能的进一步提升，因此研制高精度的陀螺仪具有重要意义。

现阶段，高精度的陀螺仪主要有两种：①激光陀螺仪由于其高精度的特性成为当前的应用主流；②核磁共振陀螺仪因其兼具高精度、小体积、低能耗等特点成为时下陀螺仪研究的热点，未来有望应用于航空航天与国防战略领域。但不论是激光陀螺仪，还是核磁共振陀螺仪，稳定同位素均是不可或缺的关键材料，堪称高精度陀螺导航仪的"血液"。

1. 激光陀螺是怎么工作的

激光陀螺是一种无质量的光学陀螺仪，能够精确地确定运动物体方位，被国防工业界评为：麻雀虽小，方寸之中尽知世间动态。它的原理是利用光程差来测量旋转角速度（萨格纳克效应）。在闭合光路中，由同一光源发出的两束光沿顺时针和逆时针方向独立地进行着传输。当激光陀螺发生转动时，顺、逆两束光就会产生光程差，对光程差进行数学计算就能得到激光陀螺的角速度、转过的角度等角运动参数，进而实现对运载体的控制。

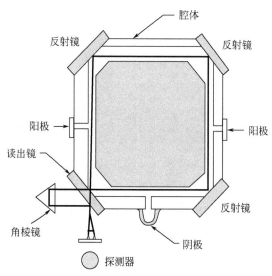

激光陀螺仪的基本原理图

激光陀螺的核心则是氦氖激光发生器，它用电激发混合气体，产生单色激光。选择氦氖作为激光发生器的气体源是因为稳定同位素氦氖气体（He、Ne）均匀性最好，折射率较小，激光谱线的关键性能如相干性、单色性等性能也最好。其中稳定同位素氖-22和氖-20（^{22}Ne、^{20}Ne）是产生激光的主要物质，而氦则作为一种便于激光产生（也称为"泵浦"）的辅助气体存在，因此氦氖同位素气体堪称激光陀螺的"血液"。

2. 激光陀螺的应用

激光陀螺及其惯性导航系统具有极高的亮度、极好的方向性和稳定性，广泛应用于现代航空、航海、航天和国防工业中，它的发展对一个国家的工业、国防和其他高科技的发展具有十分重要的战略意义。

① 在导航方面，为战斗机提供制导和导航所需的即时速度、航向、姿态及高度等空间位置信息；为舰艇、潜艇和制导鱼雷提供航向、航深、航速和位置等基准数据，让它们能不依赖外部信息独立实时导航。譬如，在航海方面，激光陀螺导航系统已是当今美国海军水面舰艇的标准设备。

激光陀螺在航海领域应用广泛

激光陀螺用于稳定调节

② 在稳定调节系统方面，让坦克、装甲车等陆地战车在行进过程中实时感知上仰和下俯等动作，自动地将火炮和机枪等武器稳定在原定方向与位置上，以保证武器在瞄准和射击时不会受到车体行进过程的影响；可以控制航天器的轨道和姿态，使卫星稳定在特定的轨道上，并使其能一直对准地球上的区域，实现探测地球目标或接收发射信号的任务；用作火箭的制导装置，使得火箭可以稳定运行，控制和导引系统得以简化，从而可以减轻火箭重量，增加运载力。

③ 在地球科研方面，对于一些大型的激光陀螺，用于实时监测地球的自转，地球轴心的变化，大陆板块的漂移等，甚至也可以为爱因斯坦相对论中引力波的探测提供一些贡献。

激光陀螺和航空航天

④ 作为精密测试仪器，陀螺仪能够为地面设施、矿山隧道、地下铁路、石油钻探以及导弹发射井等提供准确的方位基准。

⑤ 在地震分析和探测方面，部分学者利用单轴的环形激光陀螺对于地震波数据的探测、分析和测试，并且利用环形激光陀螺捕获记录的地震纵波和横波信息，再利用统计学来分析地震波数据，从而得到了一些有意义的结果和结论。

3. 核磁共振陀螺仪

核磁共振陀螺仪则是利用核子在磁场中的陀螺式的自旋现象来确定指向，属于固态陀螺，没有运动部件，性能由原子材料决定，理论上动态测量范围无限。它综合运用了量子物理、光、电磁和微电子等领域中的技术，是未来陀螺仪发展的新方向。目前，我国首个基于量子技术核磁共振陀螺原理样机也已问世。

用于洲际导弹控制舱段的核磁共振陀螺仪

虽然核磁共振陀螺仪结合了多领域的知识，具有测量范围上的优势，但在发展过程中它也遇到了灵敏度相关的问题。众所周知，灵敏度是导航系统的核心指标之一，这关系到飞行器具的安全运行问题。但是陀螺仪的角动量精密测量需要通过磁场来实现，体系内的主磁场又难免会出现一些波动。而即使是微小的波动也会导致角动量测量出现明显的误差，这种不确定性对于核磁共振陀螺仪来说非常致命。

但幸运的是，科学家们发现这一问题可以通过使用一对稳定性同位素来解决，目前常用的是氙-129（^{129}Xe）和氙-131（^{131}Xe）。对于一对同位素来说，由于

它们中子数有微小的区别但是质子数相同，所以可以将主磁场的波动抵消掉，使得角速度的测量不受限于磁场。因此，氙-129和氙-131是制备核磁共振陀螺仪的重要材料。

核磁共振陀螺仪作为新兴惯性导航和惯性测量的核心部件，具有高精度、体积小、抗干扰能力强等特点。随着核磁共振陀螺仪样机的诞生和发展，它在军事和民用产业中的应用将得到迅速发展。可以预见，随着核磁共振陀螺仪的应用与推广，氙-129和氙-131同位素的需求将不断增加。

第六节　宇宙探测

浩瀚无穷的宇宙孕育出了人类，也藏着无数秘密。宇宙的本质是什么？宇宙又由什么组成？从古至今，人类从未停止对这些问题的探究，而我们对宇宙的认识也在一步步深入。1915年，广义相对论横空出世，宇宙探索从此进入了一个新纪元。爱因斯坦根据他的相对论得出推论：宇宙的形状取决于宇宙质量的多少。如果是这样，迄今可观测到的宇宙密度是理论值的1/100，也就是说，宇宙中的大多数物质"失踪"了。科学家将这种"失踪"的物质叫"暗物质"（dark matter），而这些物质去哪儿了，我们还无从得知。

如此神秘的宇宙，人类未知的东西还有很多。为了更进一步接近真相，科学家们拿起了稳定同位素这一强力"武器"，向未知的领域发起了新的冲击。

爱因斯坦和他的广义相对论

1. 暗物质探测

依据爱因斯坦相对论的预言，荷兰天文学家卡普坦（Jacobus Kapteyn，1851—1922年）于1922年首次提出可以通过星体系统的运动间接推断出星体周围可能存在的不可见物质，明确了"暗物质"存在的可能性。时至今日，人们

对它的认识已经深入了很多：暗物质是理论上存在于宇宙中的一种不可见的物质，它可能是宇宙物质的主要组成部分，但又不属于构成可见天体的任何一种目前已知的物质。

广袤的宇宙

大量天文学观测中发现的疑似违反牛顿万有引力的现象可以在假设暗物质存在的前提下得到很好的解释。现代天文学通过天体的运动、引力透镜效应、宇宙的大尺度结构的形成、微波背景辐射等观测结果表明暗物质可能大量存在于星系、星团及宇宙中，其质量远大于宇宙中全部可见天体的质量总和。

随着探测技术的不断革新和突破，科学家们结合理论计算与最新的空间卫星观测结果，得出结论：宇宙中超过 80% 的物质都是暗物质。天体物理和宇宙学中的能量研究也表明，暗物质在包括我们的银河系在内的宇宙中大量存在：宇宙总能量的 26.8% 由暗物质贡献，构成天体和星际气体等常规物质的贡献只占 4.9%，其余 68.3% 为推动宇宙加速膨胀的暗能量。

由于暗物质是宇宙重要的组成部分，因此对它的研究具有十分重要的意义，不仅可以让人类更好地了解宇宙，有可能还可以打开物理界的新天地。然而遗憾的是，虽然目前暗物质的存在已经得到了广泛的认同，但对暗物质属性的了解却很少。因此，暗物质的研究仍然是当代基础物理学最前沿的方向之一。

从目前的研究情况来看，宇宙射线的存在对于实验结果的干扰非常明显。所以，我们对暗物质的研究需要满足两个方面的条件：一是高抗干扰能力的实验材料，二是低干扰的外界环境。

对于前者，我们可以使用稳定同位素氙来满足。氙拥有多种同位素，其中氙–124（^{124}Xe）是一种优秀的暗物质直接探测介质。液氙具有很高的辐射阻止能，也就是说来自外界的大部分干扰射线会被阻挡在液氙的外层，产生"自屏蔽效应"，使得我们可以在更加无干扰的区域进行暗物质信号的探寻。

当然，除了屏蔽效果好，氙–124 作为暗物质的探测材料，还具有其他方面的优势。由于暗物质与原子核碰撞的概率正比于原子量的平方，而氙具有较高的平均原子量，所以液氙里会有较高的暗物质碰撞概率。

目前，我国已在四川锦屏地下实验室的暗物质气液两相探测器 PANDA X 内部开展了全球最大的暗物质实验——500 公斤级液氙暗物质探测实验，现在正在扩建吨级实验装置。

上海交通大学PANDA X暗物质探测项目

而对于暗物质研究的另一项要求——低干扰的外界环境，由于地面上宇宙射线比较多，对探测会产生很大的影响，所以很多国家开始建造地下实验室来屏蔽射线的干扰。

目前，国际上有超过 10 个地下实验室运行，实验室容积从几百立方米到十几万立方米。意大利的国家格兰萨索实验室位于地下 1400m，美国的桑福德研究所位于地下 1500m，而中国的锦屏地下实验室，垂直深埋 2400m，是世界上岩石覆盖最深的实验室。

四川锦屏地下实验室利用了锦屏水电站修的地下隧道，其 2400m 的深度可以有效地屏蔽宇宙射线，射线强度要比意大利实验室弱很多，是迄今为止世界上宇宙射线通量最小的地下实验室，也是天体物理学家眼里名副其实的"天堂实验室"。

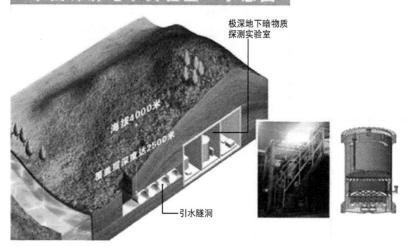

"中国锦屏地下实验室"示意图

极深地下暗物质
探测实验室

海拔4000米

覆盖岩深度达2500米

引水隧洞

在四川锦屏地下实验室，国内以清华大学和上海交通大学为代表的研究团队在不断地对暗物质进行研究，他们发表的暗物质研究成果处于世界先进水平。其中，清华大学主导的CDEX暗物质项目采用以锗-76（^{76}Ge）为有效成分的高纯锗探测器，上海交通大学主持的PANDAX暗物质项目采用以氙-124为有效成分的高纯氙探测器。

2. 无中微子双β衰变探测

2001年，一则来自德国"海德堡－莫斯科双β衰变实验"课题组的实验结果引起了物理学界的轩然大波。在实验中，科学家们使用了11.5公斤特殊的稳定同位素锗-76进行无中微子双β衰变实验研究，因为锗-76是为数不多的、有可能进行双β衰变的、具备适当数量质子和中子的原子核的材料。通过长达13年的观察，他们宣称观察到了大量明显的无中微子双β衰变。

使用了18公斤锗-76的GREDA实验组

不少物理学家对这一结果感到非常兴奋，但也有很多人对此持有怀疑态度，认为如此罕见的现象很难出现大量实验样本的支持。一时间，粒子物理学家之间争论不断。争论声一直持续到十年后，2011年，由欧洲多个科研院与高校物理学家组成的团队使用了一个装有18公斤锗-76

的探测器开启名为 GREDA 的实验组，在意大利格兰萨索地下实验室重新进行了无中微子双 β 衰变观测实验。通过使用比海德堡 – 莫斯科实验灵敏度高十倍的探测器进行两年的观测，科学家们证明到目前为止，这种罕见的物理现象并没有被观测到。但争论声依旧没有平息，关于无中微子双 β 衰变现象的探测仍在继续。

浩瀚宇宙中是否存在罕见的"无中微子双 β 衰变"？

这么多年来，物理学家们对特殊物理现象的执着与怀疑精神让人钦佩，但也不禁让人想问，他们研究的东西到底是什么，找到这一现象又有什么作用呢？

简单来说，无中微子双 β 衰变实验是学术界公认的探索中微子质量这一前沿问题的理想途径，是判断中微子是否是其本身反粒子的唯一方法。我们知道，正反粒子相结合会产生巨大的能量，因此反物质粒子也一直是人们探寻的焦点，而这个实验所要观察的现象，就是寻找反物质粒子的一个绝佳切入点。可以说，如果真的观察到这一现象，教科书都将为其改写。

SuperNEMO装置紫外线照射下的追踪器（左）和
NEMO-3探测器核心部件跟踪室及热量计（右）

但正如物理学家们之前怀疑的一样，无中微子双 β 衰变确实太罕见了，甚至有可能仅存在于理论中，所以到现在人们还没有正式观测到这一现象。因为普通的 β 衰变是一个中子变成质子，

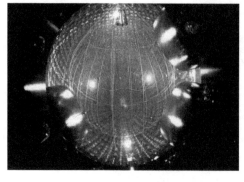

同时放出一个电子与反中微子；而一些类型的原子核会发生更为特殊的双 β 衰变，也就是两个中子同时变成质子，放出两个电子与反中微子。但我们所要观察到的现象，不仅需要这些原子核发生小概率的双 β 衰变，还要不产生任何反中微子，这对很多原子核来说实属"难上加难"，所以适合进行这种观测的材料实在是有限。

GranSass实验室探测器

幸运的是，科学家们在众多稳定性同位素中找到了一些希望。除了锗 -76，我们还有稳定同位素硒 -82（^{82}Se）和钼 -100（^{100}Mo）有可能可以满足上面这些"苛刻"的条件，用作实验材料。不同的同位素各有优缺点，而多样化的实验样本和数据能够帮助科学家们做出更加全面的判断。

目前，国际知名的 SuperNEMO 项目的探测器，使用 100 公斤高丰度硒 -82，在欧洲最深的地下实验室之一（-6210m）进行探索；由美国主导，加拿大、日本、俄罗斯参与的 Majorana 项目制作了 400 多公斤 86%（原子分数）的锗 -76 探测器，也在对该现象进行积极观察；意大利的 GranSass 国家实验室使用了 120 公斤高丰度的锗 -76 探测器；在美国主导的 NEMO-3 项目中，其探测器使用了 7 公斤高丰度的钼 -100 同位素。

另外一个很具竞争力的实验项目是位于意大利格兰萨索实验室的 CUREO 实验。这个实验使用 100kg 的天然 TeO_2 晶体，其中有可能参与双 β 衰变的碲 -130（^{130}Te）的天然丰度高达 34%。CUREO 的设计理念和高纯锗实验相似，即追求最好的能量分辨率。当前 CUREO 百千克级的实验正在开展，我国中国科学院上海应用物理研究所也有参与合作。

意大利格兰萨索实验室的CUREO实验

时至今日，人们对粒子本质的认知已经随着科技的进步而发生了翻天覆地的变化。相信在稳定同位素的助力之下，人们对于宇宙与粒子的探究能够更进一步。

3. 引力波探测

在爱因斯坦的广义相对论中，引力波被认为是时空弯曲的一种效应。它能够穿透电磁波不能穿透的地方，所以人们猜测它可以给地球上的观测者提供关于黑洞和其他奇异天体的信息。

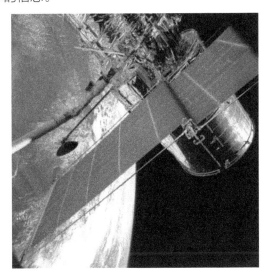

航空航天探测卫星

为了探测引力波，人们设计建造了超大型激光陀螺。如新西兰和德国联合研制的 UG-2 型超大激光陀螺，其环路面积达 834 平方米。这种使用氦氖同位素的超大激光陀螺可以观察微小的地震效应和固体地面潮汐效应，因此可以应用于引力波等相对论效应的测量。

中国在引力波探测方面也制定了雄心勃勃的研究计划。2015 年 7 月，由中山大学主导的引力波探测工程"天琴计划"正式立项，分为四步实施，预计需要 20 年。该项目第一颗空间引力波探测卫星"天琴一号"于 2019 年 12 月 20 日发射成功。

此前，由中国科学院主导的中欧合作引力波探测工程"太极计划"也提出了类似的"三步走"发展路线图，预计在 2033 年发射"太极"三星。2017 年，由

中国科学院高能所主导的引力波探测项目"阿里计划"正式启动，在海拔 5250 米的西藏阿里建设全球海拔最高的原初引力波观测站，于 2020 年开始观测。

参考文献

[1] Wang Ying，Zhang Zizhong，Zhang Lina，et al. Visible-Light driven overall conversion of CO_2 and H_2O to CH_4 and O_2 on 3D-SiC@2D-MoS_2 heterostructure [J]. J Am Chem Soc，2018，140，44：14595-14598.

[2] 张寅生. 氘代药物研发的过去、现在与未来[J]. 药学进展，2017，41（12）：902-918.

[3] 宋瑞捧，刘佳麟，李贝，等. 氘标记药物分子的合成进展[J]. 中国医药工业杂志，2017（6）：809-815.

[4] 谌勋，季向东，刘江来. PandaX暗物质探测实验[J]. 物理，2015，11：734-739.

[5] 翟羽婧，杨开勇，潘瑶，曲天良. 陀螺仪的历史，现状与展望[J]. 飞航导弹，2018，12（18）：84-88.

[6] 周永胜，谢全新，耿冰霜. 氙同位素应用及生产综述[J]. 科技视界，2016，18：18-19.

（负责人：罗　勇；主要编写人员：王　伟　许博文　盛立彦）